浙江省核工业二六二大队内控标准

DK

DK/SELED：001—2024

野外地质项目安全生产标准化图册

（试行）

赵神祖　郑晓伟　荣一萍　陆明锋　孙余好　黄晓宁　等著

地质出版社

·北京·

内 容 提 要

本图册由前言、员工防护、办公区、库房、宿舍、食堂、野外现场、地勘作业、地勘场景可视化和附录等10部分组成。本图册分别介绍了编制意义，作业人员个体防护，项目办公区、物资库房、岩芯库、宿舍与食堂安全管理和标准化布置，野外作业现场建设标准化，地勘作业（钻探、槽探、物探等）过程管理标准化，地勘场景可视化应用，野外地质项目安全生产标准化创建考评。

本图册主要适用于野外地质项目，指导项目实施单位的安全生产标准化管理，也可供相关地质主管部门、行业监管部门参考使用。

图书在版编目（CIP）数据

野外地质项目安全生产标准化图册 / 赵神祖等著 .
北京：地质出版社，2024.11. -- ISBN 978-7-116
-14427-9

Ⅰ . P622

中国国家版本馆 CIP 数据核字第 2024C3T214 号

YEWAI DIZHI XIANGMU ANQUAN SHENGCHAN BIAOZHUNHUA TUCE

责任编辑：	徐 洋
责任校对：	王 瑛
出版发行：	地质出版社
社址邮编：	北京市海淀区学院路 31 号，100083
电　话：	（010）66554646（邮购部）；（010）66554582（编辑室）
网　址：	https://www.gph.clmpg.com
印　刷：	北京印匠彩色印刷有限公司
开　本：	787 mm×1092 mm $\frac{1}{16}$
印　张：	6
字　数：	115 千字
版　次：	2024 年 11 月北京第 1 版
印　次：	2024 年 11 月北京第 1 次印刷
定　价：	60.00 元
书　号：	ISBN 978-7-116-14427-9

（版权所有·侵权必究；如本书有印装问题，本社负责调换）

《野外地质项目安全生产标准化图册》
（试行）
审定及编写委员会

审定人：张　军　陈焕元

审核人：赵神祖　郑晓伟　荣一萍

编写人：陆明锋　孙余好　黄晓宁　黄柏花　齐海鹏　楼锡渝
　　　　刘　玉　尹海安　汪　泳　蒋园进　沈亲亲　徐正华
　　　　孙建东　张志强　李政龙　刘　勋　朱海洋　闵明方
　　　　于新庆

前　言

党中央、国务院高度重视地质工作和安全生产工作，习近平总书记作出了系列重要指示。在给山东省地矿局第六地质大队全体地质工作者回信中，习近平总书记指出，矿产资源是经济社会发展的重要物质基础，矿产资源勘查开发事关国计民生和国家安全，并鼓励地质工作者在新一轮找矿突破战略行动中发挥更大作用，为保障国家能源资源安全、为全面建设社会主义现代化国家作出新贡献。

为了深入贯彻习近平总书记重要指示，浙江省核工业二六二大队积极推动野外地质项目管理工作的制度化、规范化、标准化，以先行先试的奋进姿态建设地勘项目，着力构建具有浙北特色的地质工作新格局，奋力实现大队地质事业高质量发展目标。根据中共浙江省核工业二六二大队委员会《关于印发推动高质量发展专项实施方案的通知》（浙核二六二党〔2023〕18 号）要求，大队制定了《野外地质项目安全生产标准化图册（试行）》（以下简称图册），于 2024 年 6 月 30 日起实施。

图册主要内容侧重于介绍与野外地质项目有关的员工防护、办公区、库房、宿舍、食堂、野外现场、地勘作业和地勘场景可视化等方面的安全防护和安全生产标准化要求。

图册用于指导大队野外地质项目安全生产标准化建设工作。随着法律法规、标准规范的更新变化，本图册内容需要与时俱进、及时更新。在标准实施过程中，欢迎提出改进意见和建议，以便进一步修订完善本图册。

浙江省核工业二六二大队
二〇二四年六月

目　录

一、员工防护 ··· 1
（一）安全帽 ··· 3
（二）劳保鞋 ··· 4
（三）护目镜 ··· 5
（四）遮阳帽 ··· 6
（五）工作服 ··· 7

二、办公区 ··· 9
（一）办公（会议）室 ··· 11
（二）牌匾 ··· 12
（三）项目管理牌 ··· 13
（四）大队核心价值观宣传牌 ······································· 14
（五）门牌与规章制度牌 ··· 15
（六）大队与项目简介 ··· 16
（七）党建与宣传专栏 ··· 17
（八）安全自查镜 ··· 18
（九）项目资料台账 ··· 19
（十）工作牌 ··· 21

三、库房 ··· 23
（一）物资库 ··· 25
（二）岩芯库 ··· 26

四、宿舍 ··· 27
（一）员工宿舍 ··· 29
（二）宿舍人员信息与宿舍标牌 ··································· 30

五、食堂 ··· 31

六、野外现场 ... 35
  （一）标志牌 ... 37
  （二）安全告知、制度规程牌 ... 42
  （三）危险因素信息牌 ... 44
  （四）灭火器 ... 46
  （五）班前安全教育点 ... 48
  （六）队旗 ... 49
  （七）临时用电及照明 ... 50
  （八）应急疏散图 ... 60
  （九）应急集合点 ... 61
  （十）应急照明 ... 62
  （十一）临边防护 ... 63

七、地勘作业 ... 65
  （一）基本要求 ... 67
  （二）钻探作业 ... 68
  （三）槽探作业 ... 74
  （四）物探作业 ... 74

八、地勘场景可视化 ... 75
  （一）可视化管控平台 ... 77
  （二）太阳能（蓄电池）摄像头 ... 78
  （三）便携式移动记录仪 ... 79

附　录　野外地质项目安全生产标准化考评 ... 81

一、员工防护

一、员工防护

（一）安全帽

安全帽（图 1）的标准要求如下：

（1）采购的安全帽应具有永久标识且符合《头部防护 安全帽》（GB 2811—2019）的规定。安全帽应按照规定验收合格后，方可入库，分类保管。

（2）安全帽式样宜采用 V 型，当安全帽配有附件（如防护面罩、护听器、照明装置、通信设备、特定警示标识、信息化装置等）时，附件应不影响安全帽佩戴的稳定性，同时不影响其正常的防护功能。

（3）安全帽的颜色分配：白色适用于安全监督人员、外来参访人员；红色适用于项目管理人员；黄色适用于劳动作业人员。

（4）安全帽正面印刷大队徽标，左侧印刷大队名称简称，右侧印刷"安全第一"或"安全监督"，正后方印刷安全帽编号。

图 1 安全帽

（二）劳保鞋

劳保鞋（图 2）的标准要求如下：

（1）作业人员在野外开展地质勘查必须穿劳保鞋。

（2）劳保鞋应具备防砸、防刺穿、防滑功能（根据具体从事地质工作的不同选择相应性能劳保鞋）。

（3）劳保鞋应具有舒适透气、耐用、耐磨损性能。

（4）劳保鞋的采购应符合《足部防护　安全鞋》（GB 21148—2020）相关规定。

图 2　劳保鞋

（三）护目镜

眼面防护具（图3，图4）的标准要求如下：

（1）从事钻机操作、岩芯切割等作业时应佩戴护目镜或防护面罩。

（2）护目镜应符合《眼面防护具通用技术规范》（GB 14866—2023）的要求。

（3）储存时，护目镜等眼面防护用品禁止与酸、碱接触；应保持其清洁、不受压和阳光照射等。

图3　护目镜

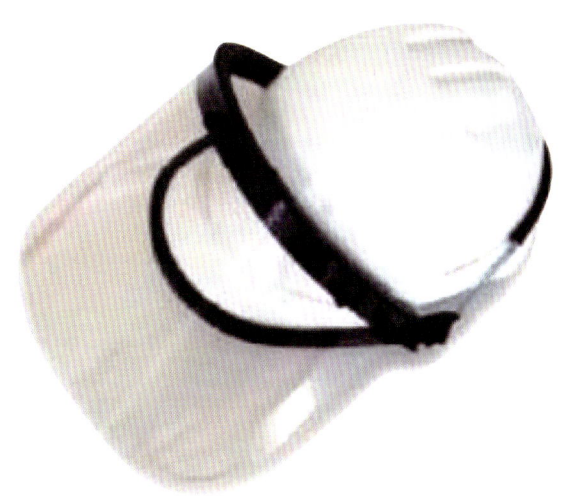

图4　护目面罩

（四）遮阳帽

遮阳帽的标准要求如下：

夏季从事野外地质勘查应佩戴遮阳帽（图5）。遮阳帽应具有遮阳防晒性能，能有效阻挡紫外线对皮肤的伤害且达到安全性和舒适度要求。

（1）防晒性能。应选择紫外线防护系数高、帽檐宽度为 7～10 cm 的遮阳帽。

（2）材质和舒适度。遮阳帽的材质应轻薄、透气，内衬应柔软舒适。

（3）稳定性和安全性。遮阳帽应具有稳定的结构，不易被风吹落或晃动。

（4）轻便易携带。遮阳帽应轻便易携带，方便在地质勘查过程中随时佩戴和取下。

图 5　遮阳帽佩戴

一、员工防护

（五）工作服

工作服（图6，图7）的标准要求如下：

（1）作业人员的工作服分春秋装和夏装，上身为长袖，下身为长裤，应符合《防护服　一般要求》（GB/T 20097—2006）的要求。

（2）作业人员工作服颜色应统一为红色，有特殊要求的作业活动，应穿戴特定的防护服。

（3）工作服应具有透气、吸汗等特点，一般宜选用棉制品，工作服上左侧印制单位名称。

图6　制式工作服（薄款）

图7　制式工作服（厚款）

二、办公区

二、办公区

(一)办公(会议)室

办公(会议)室(图8,图9)的标准要求如下:

办公室内干净整洁,摆放整齐,宜配备上半部带透明玻璃、下半部严实的铁皮文件柜;明显处悬挂相应岗位职责和安全生产责任制展示牌。办公室的人均使用面积不宜小于 4 m^2。通道、楼梯处应设置应急疏散、逃生指示标识和应急照明灯。

会议室应干净整洁,采光、通风良好,设置于相对安静的场所。

(1)会议室应设置在一层,门外开。

(2)会议室布置以图9为例,会议室四面分别居中张贴或悬挂项目名称、项目简介、管理目标、组织机构、大队核心价值观等相关内容。

(3)图牌离地不低于1.2 m,标牌尺寸大小根据项目会议室实际情况确定。

图8 办公室

图9 会议室

(二)牌匾

牌匾的标准要求如下：

野外在建项目设置项目部名称牌匾（图10）或项目部名称标牌（图11），内容为"浙江省核工业二六二大队×××项目部"。可悬挂在室外门口或室内墙面上，项目部名称牌匾采用白底黑字，党支部牌匾采用白底红字，材质采用铁皮烤漆，尺寸为 0.4 m×2.2 m。字体为方正粗宋简体，字体大小为 180 mm×100 mm，可根据实际字数多少微调。如图 10 所示。

项目部名称牌匾也可采用黄底红字的铜牌，尺寸为 0.55 m×0.4 m。字体为方正大黑简体，字体大小为 40 mm×40 mm。如图 11 所示。

图 10 牌匾效果图

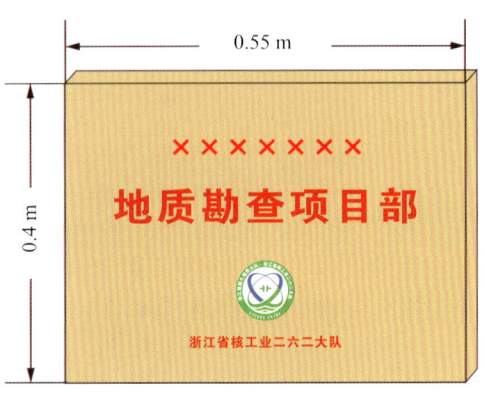

图 11 项目部名称标牌效果图

（三）项目管理牌

项目管理牌的标准要求如下：

项目部应在会议室放置项目组织架构图、任务（目标）牌和成员信息牌，尺寸根据办公室大小设置，建议尺寸为 0.4 m×0.6 m 或 0.5 m×0.7 m。如图12至图14所示。

图12　成员信息牌

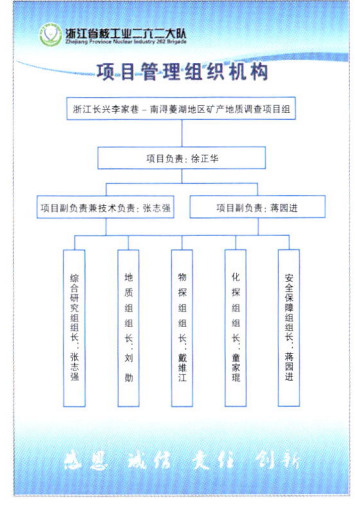

图13　组织架构牌

图14　任务（目标）牌

野外地质项目安全生产标准化图册

（四）大队核心价值观宣传牌

大队核心价值观宣传牌的标准要求如下：

项目部显著位置应张贴"感恩""诚信""责任""创新"的大队核心价值观的宣传牌。宣传牌尺寸为 0.9 m×1.2 m 或 0.6 m×0.8 m，如图 15 所示。

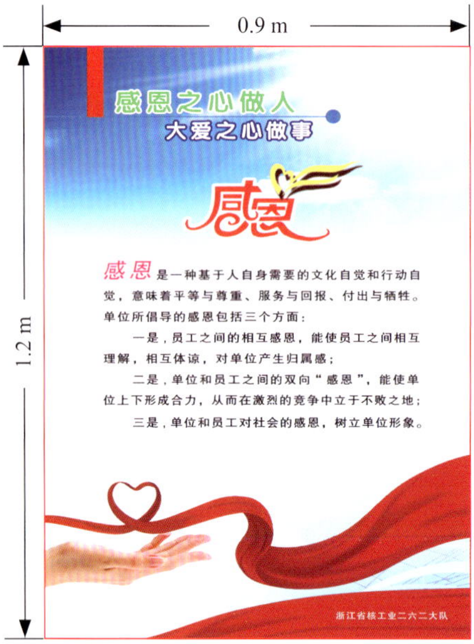

"感恩"

"诚信"

"责任"

"创新"

图 15　大队核心价值观宣传牌样式

（五）门牌与规章制度牌

门牌与规章制度牌的标准要求如下：

项目部在办公室、会议室需设置门牌及各类规章制度标牌。门牌尺寸为 0.21 m×0.1 m，如图 16 所示。规章制度标牌包括安全员职责牌、项目负责人职责牌及其他成员职责牌，尺寸为 0.4 m×0.6 m 或 0.5 m×0.7 m，如图 17 至图 19 所示。

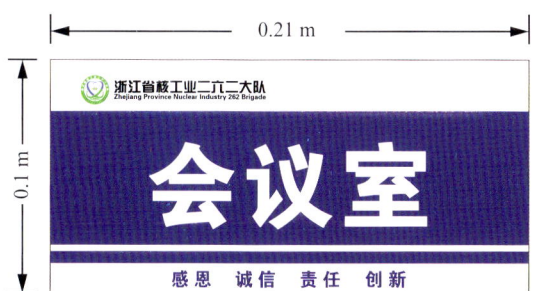

图 16　门牌效果图

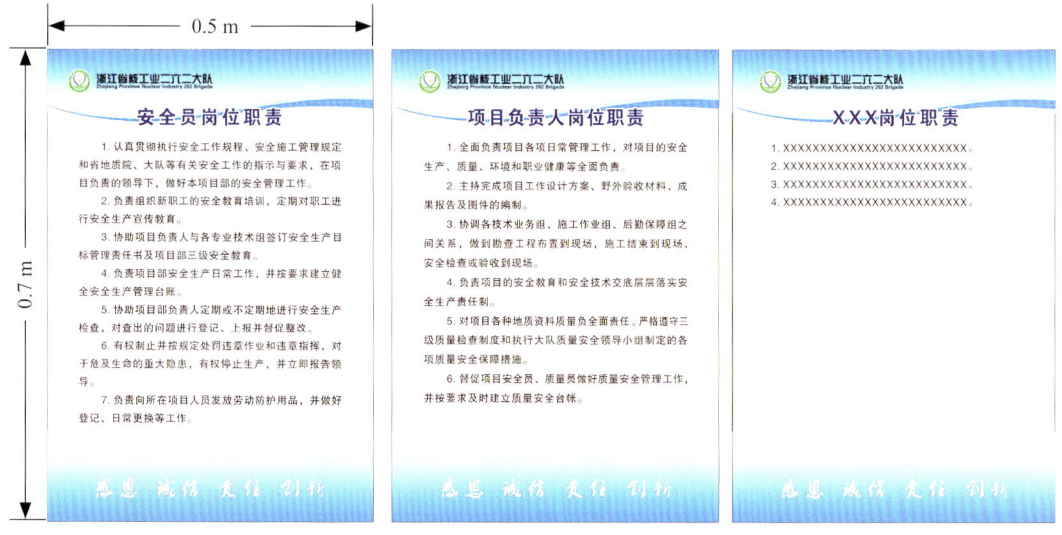

图 17　安全员职责牌　　图 18　项目负责人职责牌　　图 19　其他人职责牌

（六）大队与项目简介

大队简介、项目简介的标准要求如下：

项目部应放置二六二大队简介（图20）、项目简介（图21）及项目实施布置图、重要复杂工程剖面图等反映项目总体情况的典型图纸。尺寸为 2.4 m×1.2 m。

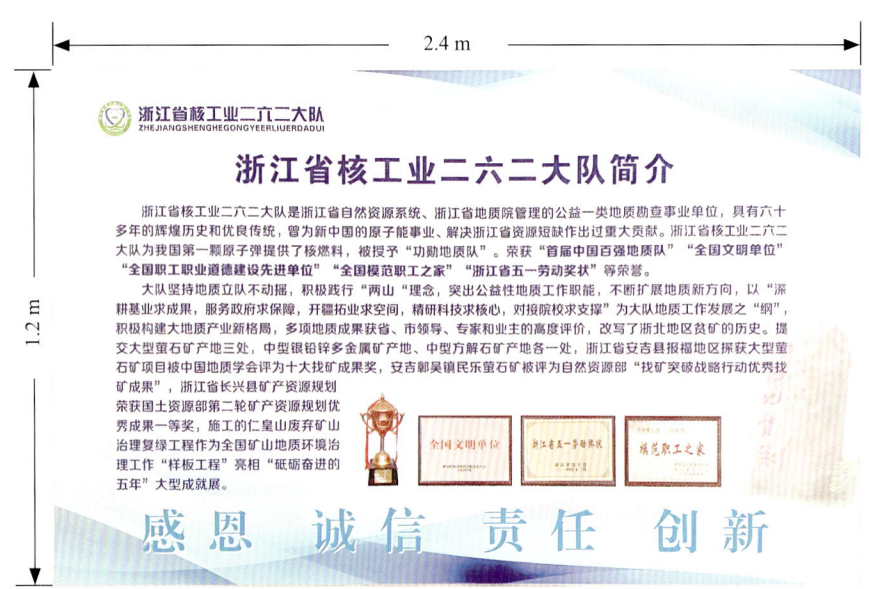

图20　二六二大队简介

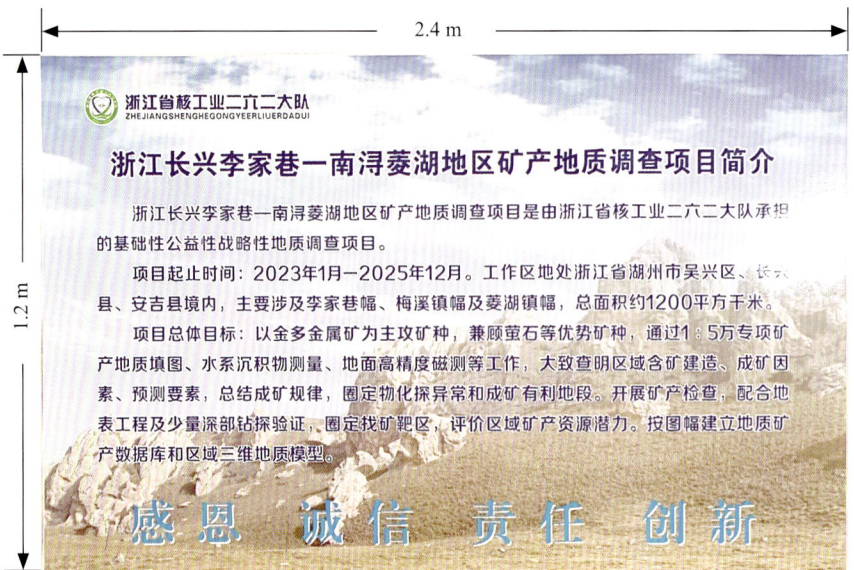

图21　项目简介

二、办公区

（七）党建与宣传专栏

党建与宣传专栏的标准要求如下：

项目部设置项目标准化建设专栏（基层党组织建设和项目宣传专栏）。基层党组织建设专栏以项目建设突出党建引领，立足实情，内容充实，活跃形式，打造特色，专栏尺寸为 3.0 m×1.3 m，如图 22 所示。项目宣传专栏是大队文化的展示窗口，内容由公告栏、项目文化掠影、正能量宣传、曝光台等板块组成，专栏尺寸为 1.6 m×1.0 m 或 1.8 m×1.2 m，如图 23 所示。

图 22　党建专栏

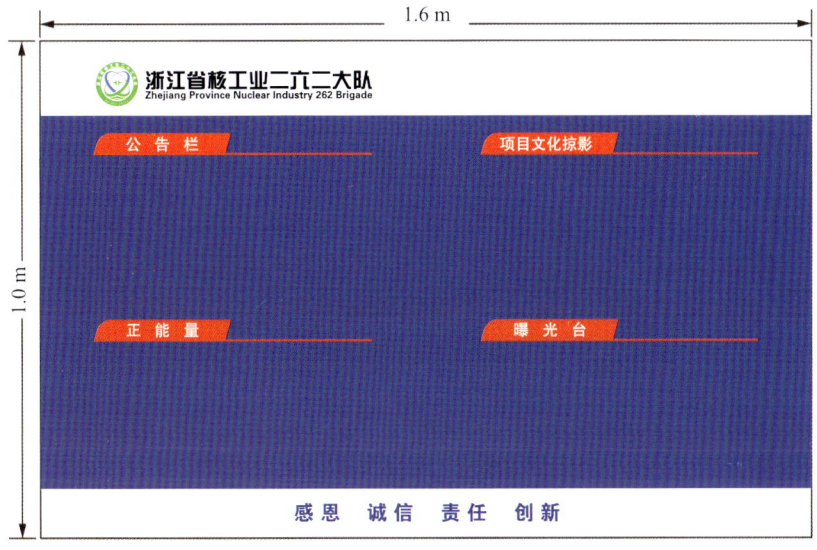

图 23　宣传专栏

（八）安全自查镜

安全自查镜的标准要求如下：

（1）自查镜设置在项目部的大门旁，用于野外作业人员劳保着装自查。

（2）自查镜材质要求：框架宜采用不锈钢材料，立柱为圆钢管，中间板面为3 mm厚的铝塑板，如图24所示。

图24　安全自查镜

二、办公区

（九）项目资料台账

项目资料台账的标准要求如下：

项目部的安全资料台账内容要充实，格式要统一，记录要规范，尺寸为 270 mm×195 mm 或 297 mm×210 mm。项目台帐脊背示例如图 25 所示。

图 25 项目台账脊背示例

1. 安全责任书台账

- 大队（专业中心）与地质项目安全目标责任书；
- 地质项目内部安全目标责任书；
- 驾驶员安全责任书。

2. 项目人员（外协）台账

- 员工花名册；
- 外协人员基本信息采集表；
- 项目安全管理人员任命书或其他佐证材料；
- 特种作业证件复印件；
- 工伤保险凭证复印件。

野外地质项目安全生产标准化图册

3. 安全教育培训台账

- 安全培训考核资料，如培训照片、签到表、考试卷等；
- 三级安全教育培训记录；
- 安全交底和班前（后）教育资料。

4. 安全隐患排查整改记录台账

- 安全隐患定期及不定期排查整改资料；
- 危险源辨识清单台账；
- 安全隐患自查整改资料。

5. 劳保用品发放台账

- 劳保用品发放记录。

6. 安全活动及报表台账

- 安全活动或安全会议记录；
- 项目安全月报。

7. 应急管理台账

- 应急预案及演练记录。

二、办公区

（十）工作牌

工作牌的标准要求如下：

项目部员工上岗需佩戴工作牌，内容包括项目部名称、姓名、照片、部门、职务、编号等。工作牌的规格为 13.3 cm×9.3 cm，采用 PVC 材料，双面打孔。如图 26 所示。

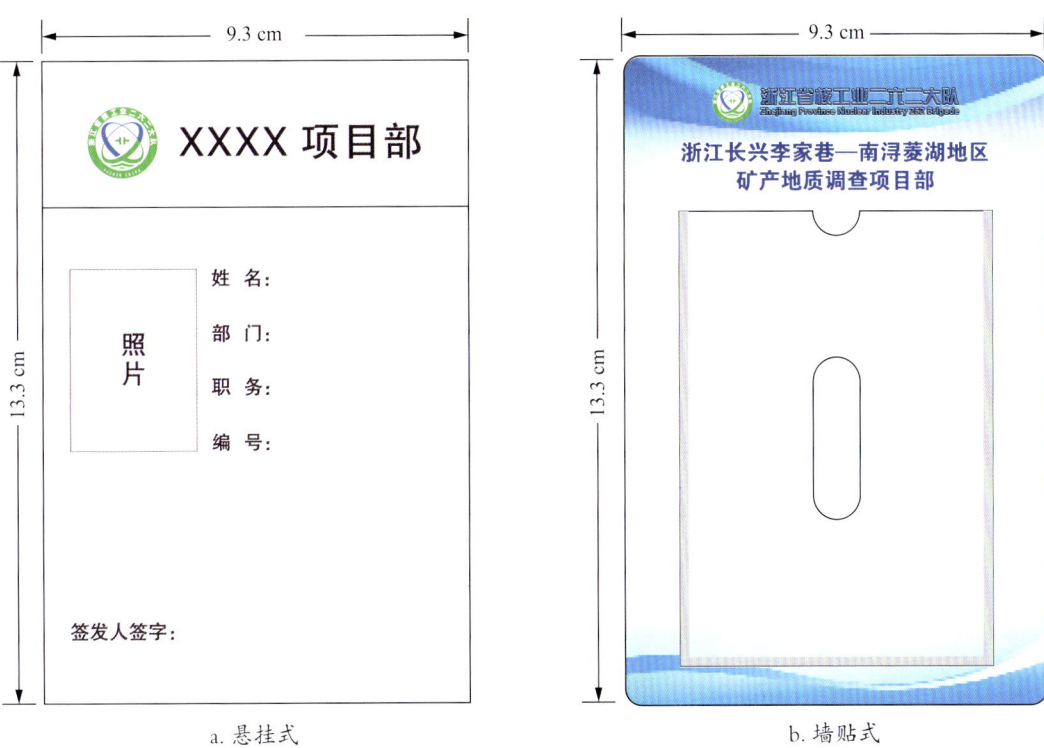

图 26　员工工作牌

三、库 房

三、库 房

（一）物资库

物资库的标准要求如下：

物资库自成一区，不兼作他用，符合"防盗、防光、防高温、防火、防潮、防尘、防鼠、防虫"八防要求。库房内合理设置物资架，物资架离地面高度不小于 10 cm（图27）。物资整齐摆放上架（上小下大、上轻下重），建有相应的物资管理台账。

仓库内严禁吸烟并不准动明火，消防通道畅通。易燃、易爆物品严禁放在物资库内。

图 27　物资架

（二）岩芯库

岩芯库的标准要求如下：

岩芯库放置岩芯时，应从终孔岩芯放起。每一个钻孔的最上面一排岩芯都应用油漆写上孔号，以区别于其上堆放的其他钻孔的岩芯。岩芯铺放长度不宜过长，以 1 m 长为宜，堆放高度不超过 1.5 m，应堆放整齐。

岩芯箱（含塑料岩芯箱）的其他要求参照《地质勘查钻探岩矿心管理通则》（DZ/T 0032—1992）。木质岩芯箱的规格和样式如图 28 所示。

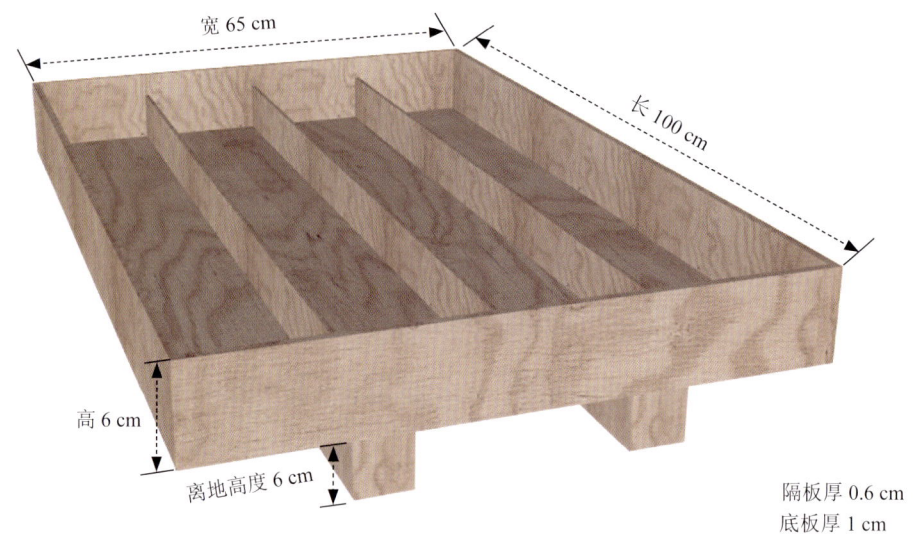

图 28　木质岩芯箱

四、宿 舍

野外地质项目安全生产标准化图册

四、宿 舍

（一）员工宿舍

员工宿舍的标准要求如下：

（1）宿舍宜配置储物柜、书桌、椅子等。如图29所示。

（2）宿舍楼梯口、门口必须放置灭火器箱（内装灭火器，至少2具/箱）。灭火器箱放置密度不少于1个/200 m²，单具灭火器间距不得大于25 m。

（3）宿舍应安装空调供防暑降温和冬季取暖，供电线路应单独在室外布置。

图29　项目成员宿舍

（二）宿舍人员信息与宿舍标牌

有关宿舍管理的标牌等标准要求如下：

宿舍区通道或宿舍墙上应张贴制度牌、安全注意事项牌、作息时间表、卫生值日表等，并严格督促执行。有关宿舍管理的标牌等如图30至图33所示。

图30　宿舍人员信息牌

图31　宿舍门牌

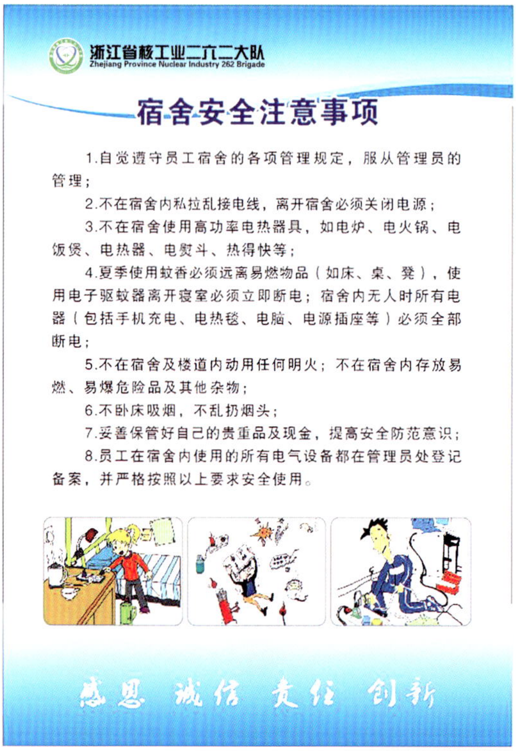

图32　安全注意事项牌

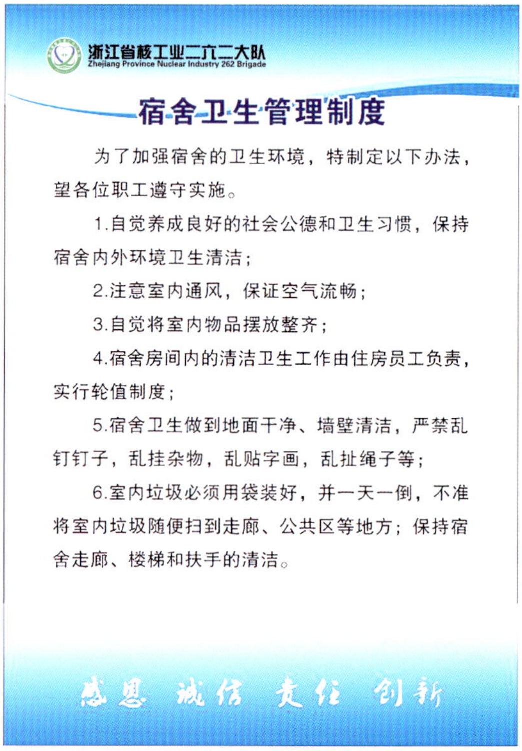

图33　卫生管理制度牌

五、食 堂

五、食　堂

项目部食堂设施配置及食堂管理标牌的标准要求如下：

食堂灶具、厨具、餐具配齐，生熟分开。厨师及其他工作人员应相对固定，所有工作人员的健康证上墙。食堂操作区和就餐区要相互隔离。每周菜谱、职工就餐统计表公开张贴。燃气灶必须安装燃气泄露报警装置，液化气罐安装防回火装置。有关食堂设施配置及食堂管理制度标牌等如图34至图39所示。

图 34　烹饪区（配抽油烟机）

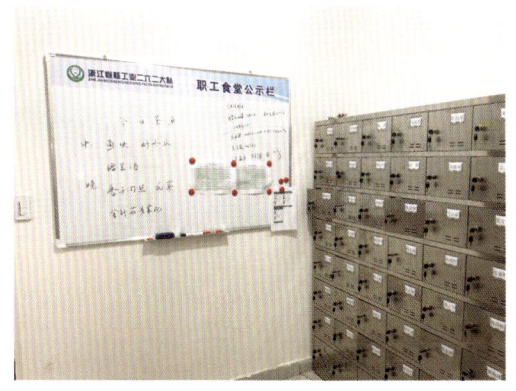

图 35　员工碗筷柜与餐谱公示栏

图 36　防回火及燃气泄露报警装置

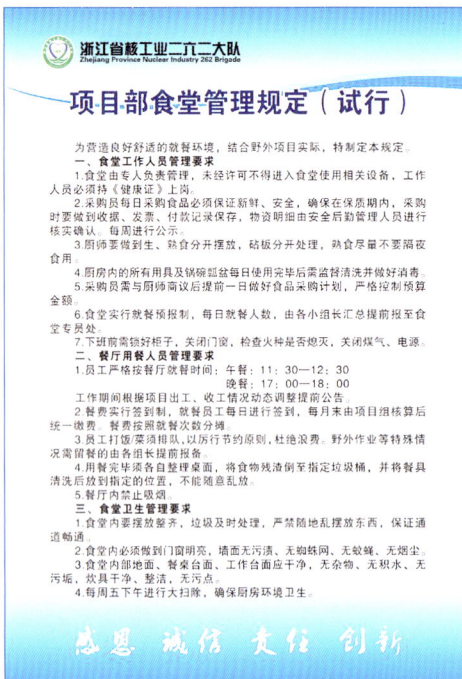

图 37　食堂管理制度牌　　　　　　图 38　节约粮食牌

图 39　餐桌及清洗池

六、野外现场

 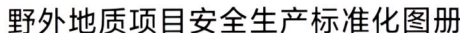 野外地质项目安全生产标准化图册

六、野外现场

（一）标志牌

标志牌的基本要求如下：

（1）标志牌应设置在与安全有关的醒目位置，环境信息标志（区域性标志）宜设置在有关场所的入口处；局部信息标志（点位性标志）应设置在所涉及的相应危险地点或设备（部件）附近的醒目处。标志牌应设置在明亮的环境中。

（2）标志牌不应设置在门、窗、架等可移动的物体上，以免标志牌随物体移动而影响认读。标志牌前不得放置妨碍认读的障碍物。

（3）标志牌平面与视线夹角应接近90°，观察者位于最大观察距离时，最小夹角不低于75°。

（4）多个标志牌设置在一起时，应按警告、禁止、指令、提示类型的顺序，先左后右、先上后下的顺序排列。

（5）标志牌的固定方式分为附着式、悬挂式和柱式3种，附着式和悬挂式的固定应稳固、不易倾倒。柱式的标志牌和支架应牢固地连接在一起。

（6）标志牌的设置高度，应尽量与人的眼睛视线高度相一致。悬挂式和柱式的环境信息标志牌的下缘距地面的高度不宜小于2 m；局部信息标志牌的设置高度应视具体情况确定。

（7）标志牌应采用坚固耐用的材料，不宜使用遇水变形、变质或易燃的材料。有触电危险的作业场所应使用绝缘材料。

1. 禁止标志

禁止标志（图 40）的标准要求如下：

（1）禁止标志用于任何有必须禁止人的不安全行为的场所，用以禁止可能带来安全隐患的行为。

（2）禁止标志的基本形式是带斜杠的圆边框。

（3）标志牌上标志说明文字的字体，中文采用文鼎 CS 大黑，英文采用 Arial black。

（4）禁止标志制作应符合《安全标志及其使用导则》（GB 2894—2008）、《图形符号　安全色和安全标志　第 1 部分：安全标志和安全标记的设计原则》（GB/T 2893.1—2013）、《图形符号　安全色和安全标志　第 3 部分：安全标志用图形符号设计原则》（GB/T 2893.3—2010）、《图形符号　安全色和安全标志　第 5 部分：安全标志使用原则与要求》（GB/T 2893.5—2020）等规定，特殊情况可等比例缩放。

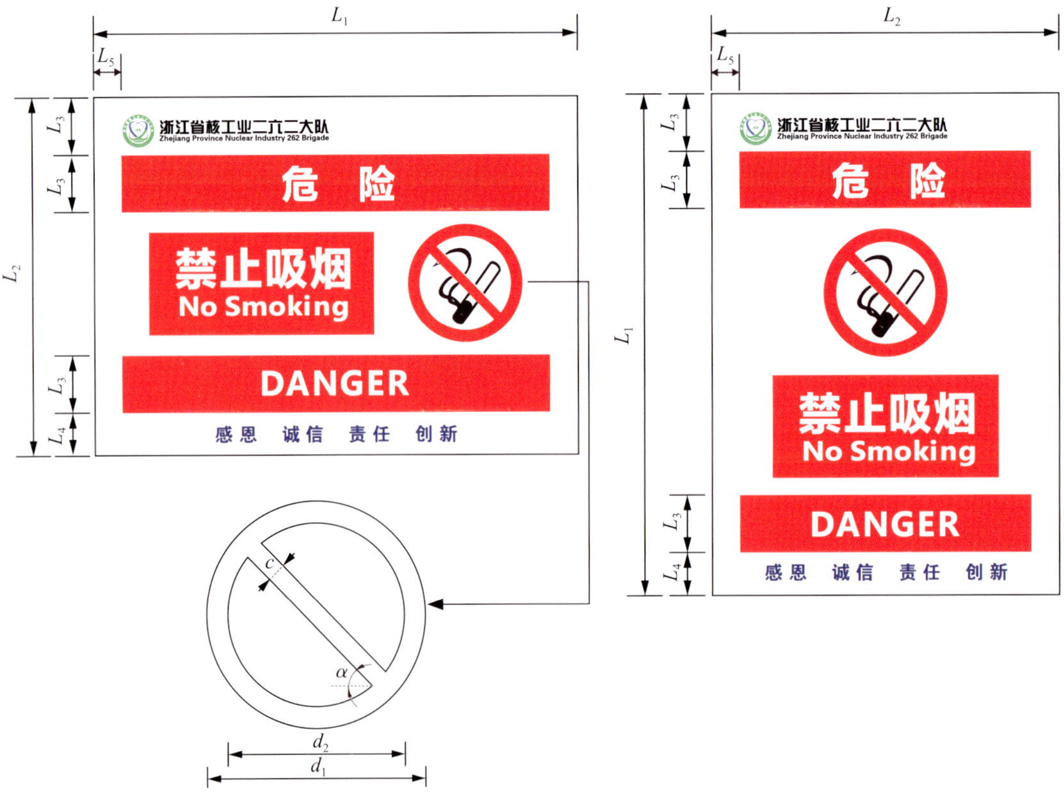

单位：mm

d_1	d_2	c	α
0.25L	0.80d_1	0.08d_1	45°

注：L 为观察距离。

单位：mm

L_1	L_2	L_3	L_4	L_5
350	250	40	30	20

图 40　禁止标志

六、野外现场

2. 警告标志

警告标志（图 41）的标准要求如下：

（1）警告标志用于现场有必要提醒人们注意安全的场所，提醒人们注意防范周围环境中的风险。

（2）警告标志的基本形式是正三角形边框。

（3）标志牌上标志说明文字的字体，中文采用文鼎 CS 大黑，英文采用 Arial black。

（4）警告标志制作应符合《安全标志及其使用导则》（GB 2894—2008）、《图形符号　安全色和安全标志　第 1 部分：安全标志和安全标记的设计原则》（GB/T 2893.1—2013）、《图形符号　安全色和安全标志　第 3 部分：安全标志用图形符号设计原则》（GB/T 2893.3—2010）、《图形符号　安全色和安全标志　第 5 部分：安全标志使用原则与要求》（GB/T 2893.5—2020）等规定，特殊情况可等比例缩放。

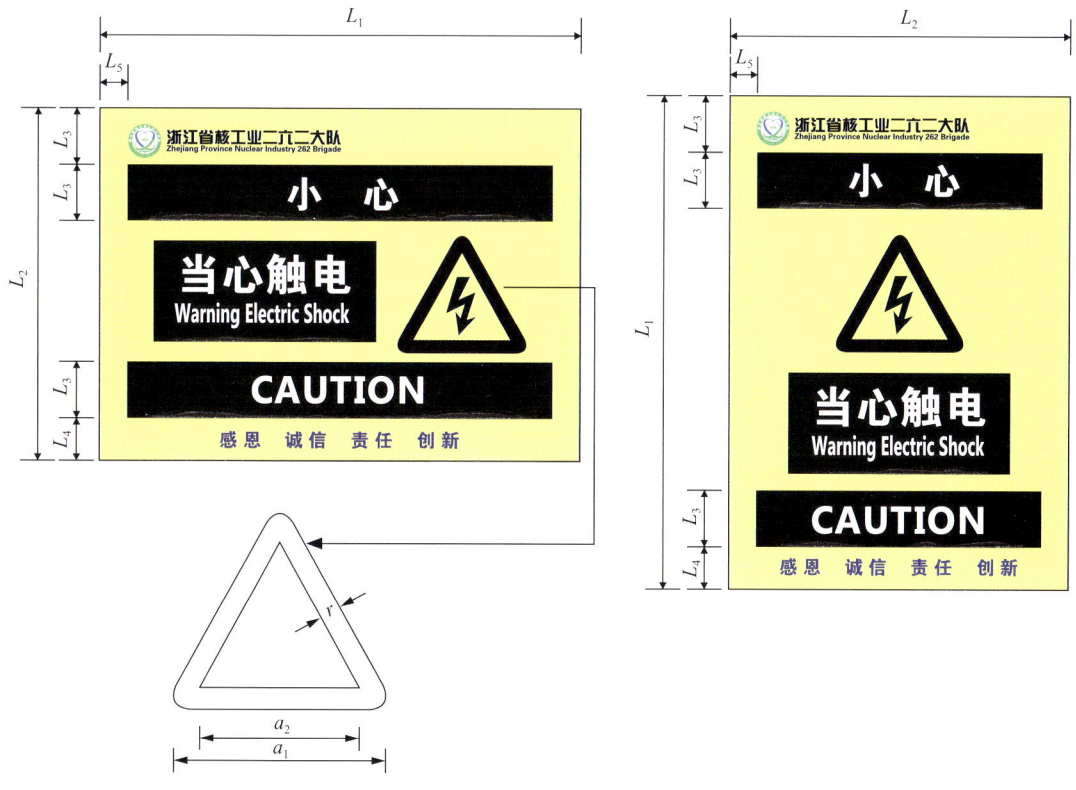

图 41　警告标志

3. 指令标志

指令标志（图42）的标准要求如下：

（1）指令标志用于现场有必要提醒人们必须采取特殊措施的作业场所，用以强制人们必须做出某种动作或采用防范措施。

（2）指令标志的基本形式是圆形边框。

（3）标志牌上标志说明文字的字体，中文采用文鼎CS大黑，英文采用Arial black。

（4）指令标志制作应符合《安全标志及其使用导则》（GB 2894—2008）、《图形符号 安全色和安全标志 第1部分：安全标志和安全标记的设计原则》（GB/T 2893.1—2013）、《图形符号 安全色和安全标志 第3部分：安全标志用图形符号设计原则》（GB/T 2893.3—2010）、《图形符号 安全色和安全标志 第5部分：安全标志使用原则与要求》（GB/T 2893.5—2020）等规定，特殊情况可等比例缩放。

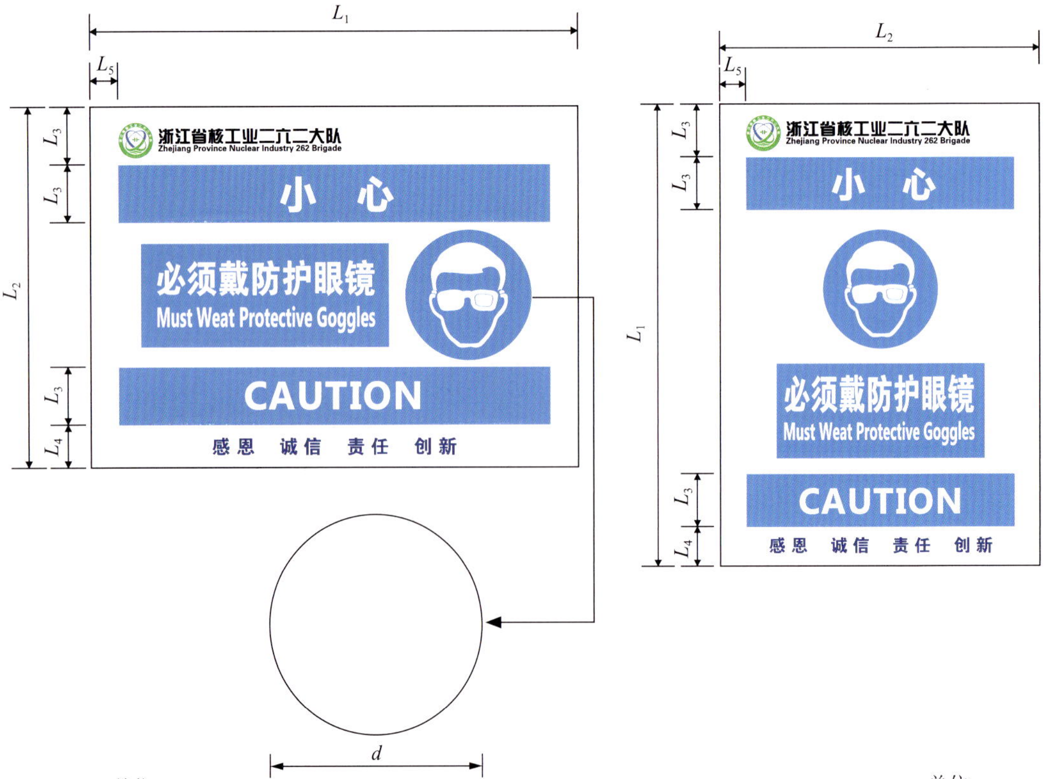

单位：mm

d
$0.025L$

注：L 为观察距离。

单位：mm

L_1	L_2	L_3	L_4	L_5
350	250	40	30	20

图42　指令标志

六、野外现场

4. 提示标志

提示标志的标准要求如下：

（1）提示标志用于现场有必要提醒人们注意安全的场所，用以向人们提供某种信息。

（2）提示标志的基本形式是正方形边框。

（3）紧急出口标识（图43）上边缘一般距地面不得大于1 m，采用荧光材料制作。

（4）标志牌上标志说明文字的字体，中文采用文鼎CS大黑，英文采用Arial black。

（5）提示标志制作应符合《安全标志及其使用导则》（GB 2894—2008）、《图形符号　安全色和安全标志　第1部分：安全标志和安全标记的设计原则》（GB/T 2893.1—2013）、《图形符号　安全色和安全标志　第3部分：安全标志用图形符号设计原则》（GB/T 2893.3—2010）、《图形符号　安全色和安全标志　第5部分：安全标志使用原则与要求》（GB/T 2893.5—2020）等规定，特殊情况可等比例缩放。

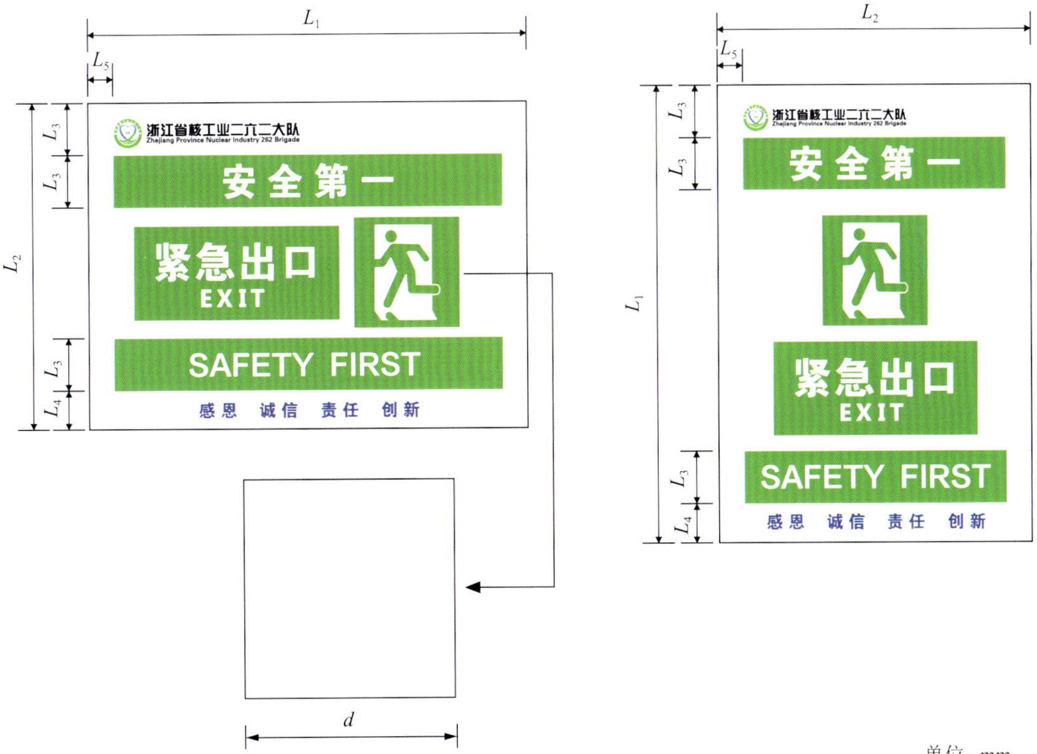

单位：mm

d
0.025L

注：L为观察距离。

单位：mm

L_1	L_2	L_3	L_4	L_5
350	250	40	30	20

图43　紧急出口标识

（二）安全告知、制度规程牌

安全告知、制度规程牌（图44，图45）的标准要求如下：

（1）安全告知、制度规程牌用于项目场所安全信息告知、制度规程展示等，包括配电箱、临边孔洞等设施责任信息公示、安全操作规程展示等。

（2）安全告知、制度规程牌上应设置大队标识，署大队名称（可简写），统一设置于安全告知、制度规程牌左上方，开展大队文化宣传的大队核心价值观（感恩、诚信、责任、创新）统一设置于安全告知、制度规程牌正下方，不得覆盖文字说明框，安全告知、制度规程牌说明文字的字体采用黑体，颜色为白色。

（3）具体安全告知、制度规程牌根据需要和设置场所情况，选择合适的尺寸类型，按尺寸图要求设计制作，安全告知、制度规程牌中的内容根据法律、法规及相关制度确定，特殊情况下可按尺寸图等比例缩放。

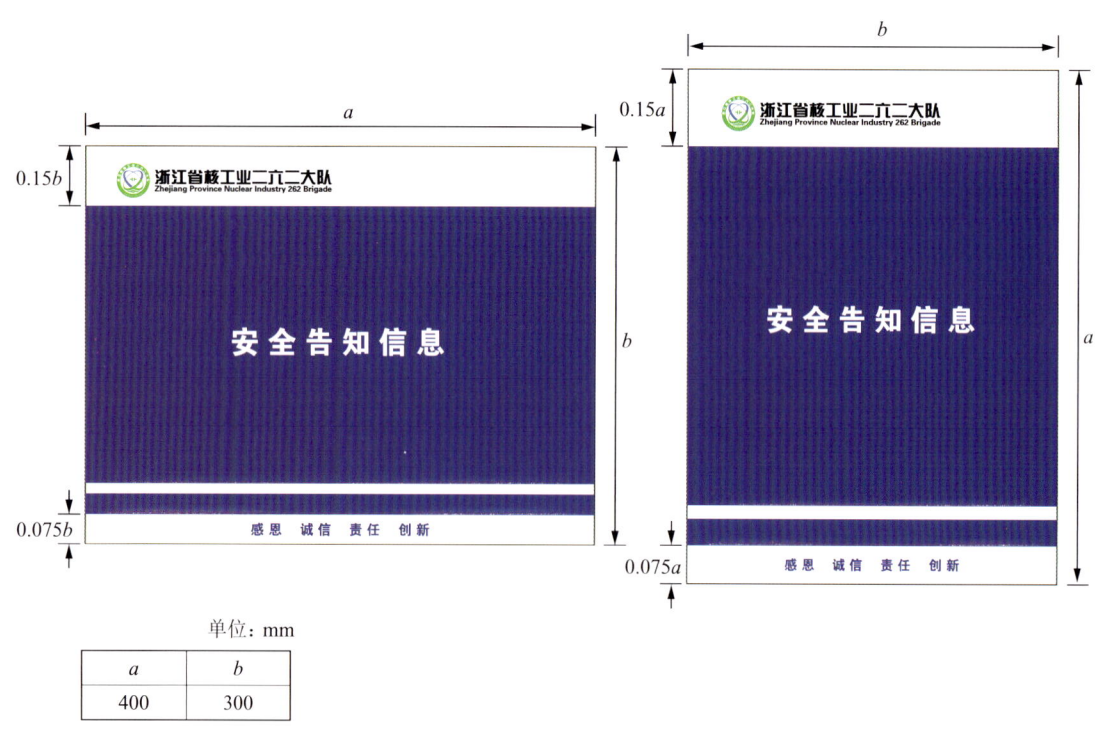

单位：mm

a	b
400	300

图44　安全告知牌

六、野外现场

塔架式立轴钻机安全操作规程

1. 上岗人员必须戴好安全帽、穿好劳保服及劳保鞋，且穿着得体并系好钮扣，严禁穿拖鞋及赤膊上岗。
2. 上岗操作人员应集中精力，禁止在操作现场打闹，严禁带病上岗和酒后上岗。
3. 经常检查钻机各传动部位的安全防护设施和卷扬机钢丝绳头牢固情况。
4. 操作手在开机前应把定位和挡位都必须处在正确位置上，禁止在不正确的挡位起动钻机。
5. 升降作业时，操作人员应与塔上和孔口人员密切配合，不得用手摸钢丝绳。
6. 上塔作业人员必须系好安全带，钻塔平台上禁止放置材料、工具等物。
7. 升降钻具、钻杆时，要控制好升降速度，孔口人员不得站在水龙头、导向杆下面。
8. 操作人员启动任何电闸及机械需要观前顾后，并告知有关人员。
9. 钻机孔口周围应保持清洁，严禁向孔内丢弃任何物品。
10. 应做好钻机转动部位的防护，在运转时严禁接触和跨越机械运转部位。
11. 电缆、电线应架设好，严禁用硬物撞击碾压，发现电器漏电、冒火花，应立即关闸，并请电工检修，雷雨时，停止操作。

感恩　诚信　责任　创新

便携式全液压钻机安全操作规程

1. 检查钻机各部件是否完好，液压管路、接头是否紧固无泄漏。
2. 检查油箱油位，确保液压油清洁且充足。
3. 检查电气系统，确保电缆无破损，接头牢固，接地可靠。
4. 准备好所需的钻杆、钻头、钻具等，并按照要求组装好。
5. 启动钻机前，确保周围无人，且钻机处于平稳状态。
6. 按照说明书要求启动钻机，并调整液压系统的压力和流量。
7. 缓慢下降钻头，对准钻孔位置，开始钻进。
8. 在钻进过程中，注意观察钻机的运行状态和钻进速度，及时调整钻进参数。
9. 遇到异常情况或故障时，应立即停机检查，排除故障后再继续钻进。
10. 定期对钻机进行清洁和保养，保持其外观整洁，内部无杂物。
11. 定期检查液压系统的油位和油质，及时更换液压油和滤芯。
12. 定期检查电气系统的电缆和接头，确保其完好无损。

感恩　诚信　责任　创新

卷扬机安全操作规程

1. 上班期间不准喝酒，按规定穿戴好防护用品。
2. 卷扬机应安装在平整坚实良好的地点，机身和地锚必须牢固，卷扬筒与导向滑轮中心线应垂直对正。钢丝绳卷筒必须设置防护罩。
3. 检查电器线缆铺设是否正确，有无破断现象，接地是否良好。
4. 每日班前应对卷扬机、钢丝绳、地锚、地轮等进行检查，确认无误后，试空车运行，合格后方可正式作业。
5. 钢丝绳在卷筒上要排列整齐，牢固，位置正确，工作中卷出时不可全部放完，在卷筒上至少应保留三圈，收绕钢丝绳时禁止用手引导。如发现重叠或斜绕时，应停机重新排列。严禁在转动中一人用手、即去引导缠绕钢丝绳。钢丝绳应经常观察检查，不得有结节、扭拱现象、断丝现象。
6. 卷扬机制动操纵杆的行程范围内不得有障碍物。机器上及机器工作范围内不得放置任何有碍正常运转的物品。
7. 卷扬机在运行中，操作人员(司机)不得擅离岗位；司机离开时，必须切断电源，锁好闸箱。
8. 作业时，不准有人跨越卷扬机的钢丝绳。
9. 工作中要听从指挥人员的信号，信号不清，视线不清，超负荷，安全装置失灵，均不得起吊。被吊重物必须紧绑牢固，提升过程中吊物下方不得有人，空车停留时，除使用制动器外，并应用齿轮(棘轮)保险卡牢。
工作休息和工作结束时，严禁重物悬在空中。作业中如遇突然停电必须先切断电源，然后按动刹车慢慢地放松，将吊物均匀缓缓地放至地面。
10. 卷扬机不得超吊或拖拉超过额定重量的物件；起吊物件摆放平稳，确认无误才能起吊，做到稳起稳落。作业中如发现机器异响、制动不灵、制动带或轴承等温度剧烈上升等异常情况时，应立即停机检查，排除故障后方可使用。
11. 保养设备必须在停机后进行，牢固，严禁在运转中进行维修保养或加油。
12. 夜间作业，必须有足够的照明装置。

感恩　诚信　责任　创新

图45　制度规程牌

野外地质项目安全生产标准化图册

（三）危险因素信息牌

危险因素信息牌（图46）的标准要求如下：

危险因素信息牌用于作业现场需要危险因素提示的场所，包括重要安全风险告知牌、作业风险公示牌、职业危害告知牌等，用以明确作业风险、控制措施等信息。

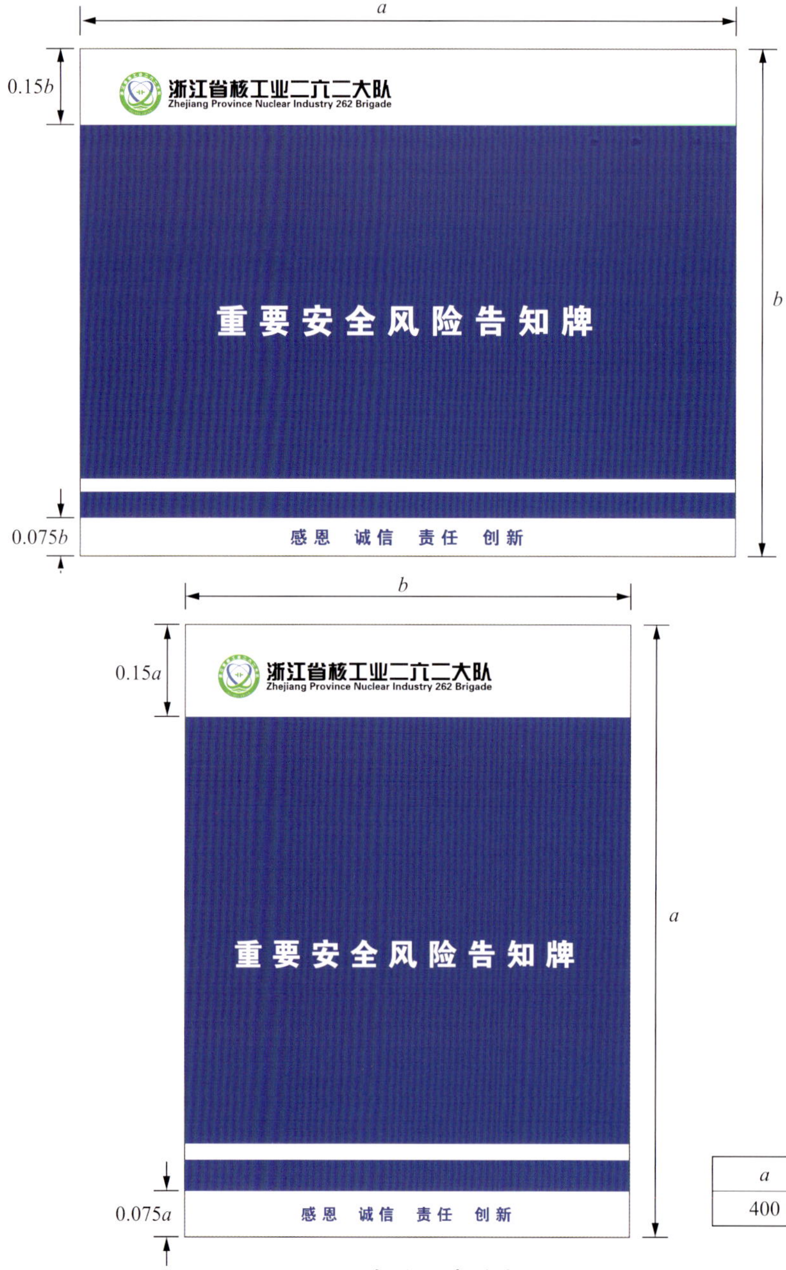

单位：mm

a	b
400	300

图46　危险因素信息

六、野外现场

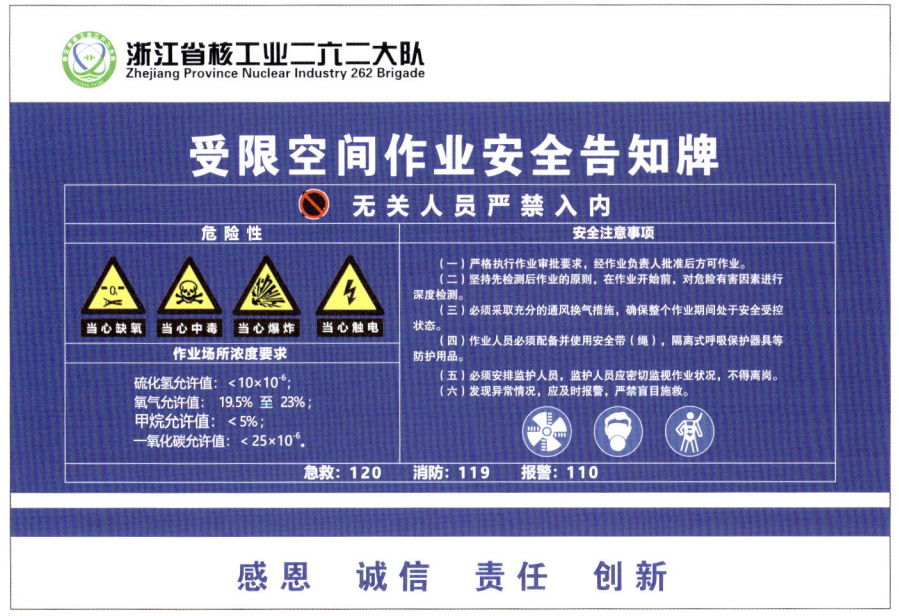

图 46　危险因素信息（续）

（四）灭火器

灭火器（图 47）的标准要求如下：

（1）应按照《建设工程施工现场消防安全技术规范》（GB 50720—2011）、《建筑灭火器配置设计规范》（GB 50140—2005）和《建筑灭火器配置验收及检查规范》（GB 50444—2008）的要求配置灭火器。

（2）手提式灭火器箱体应标注火警电话，灭火器瓶体或箱内应挂设或张贴灭火器日常检查表（图 48）。

图 47　灭火器

浙江省核工业二六二大队
Zhejiang Province Nuclear Industry 262 Brigade

灭火器日常检查表（　　　年）

月份 / 检查项目							
1	灭火器外观整体完好，附件无破损						
2	灭火器压力正常（压力表指针指向绿区）						
3	灭火器在有效期内（罐体标签）						
检查人							
检查日期							

备注：灭火器（干粉、泡沫、CO_2）附件包括罐体、喷嘴、铅封、胶管、压把、提把、压力表、保险销等。

感恩　诚信　责任　创新

图 48　灭火器日常检查表

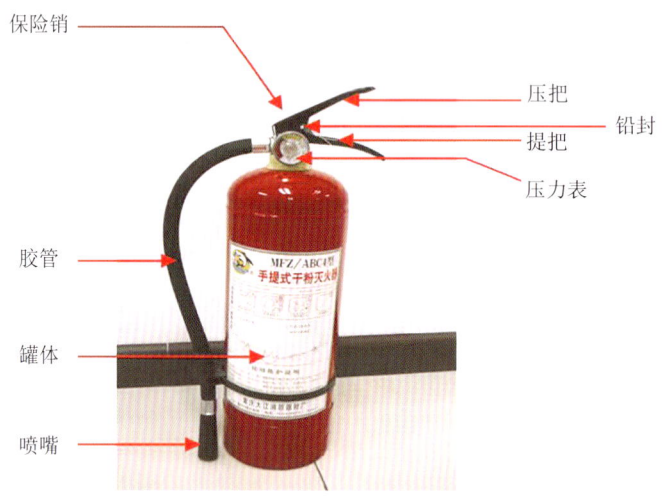

六、野外现场

（3）灭火器材应设置在位置明显和便于取用的地方（图49），且不得影响安全疏散。

（4）在现场灭火器点，应设置灭火器使用方法图（图50）。

图49　灭火器设置点

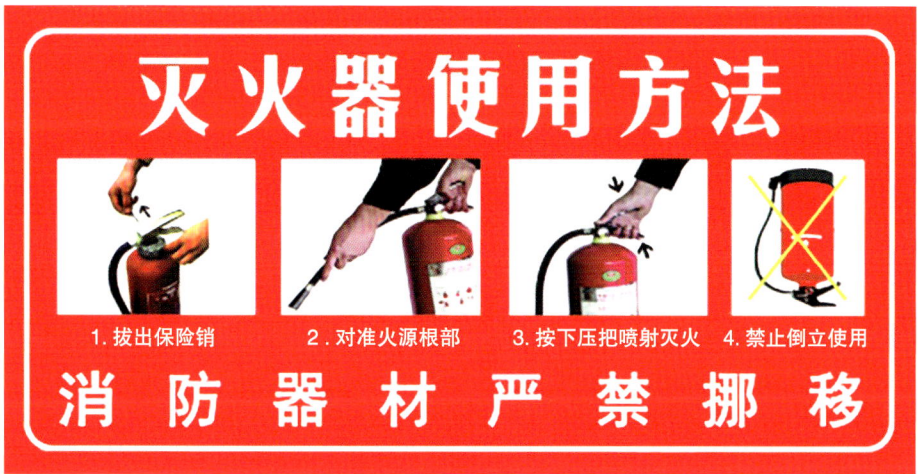

图50　灭火器使用方法图

（五）班前安全教育点

班前安全教育点（图51）的标准要求如下：

班组每日上岗前，应由相关技术人员、班组长进行安全技术交底、安全教育。

班前安全教育点应设置在现场安全、空旷的位置，适用于班组上岗前开展的安全教育活动。

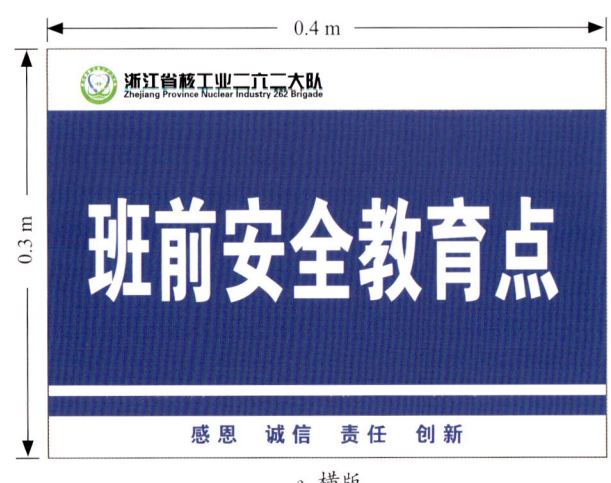

a. 横版

b. 竖版

图51 班前安全教育点

六、野外现场

（六）队旗

二六二大队队旗（图52）的标准要求如下：

在作业现场悬挂队旗，队旗尺寸为 1.44 m×0.96 m。

图 52　队旗

（七）临时用电及照明

临时用电及照明的标准要求如下：

（1）作业现场临时用电工程应严格遵循《施工现场临时用电安全技术规范》（JGJ 46—2005）的规定。

（2）作业现场必须采取 TN-S 系统，符合"三级配电、两级保护"，达到"一机一闸一箱一漏"的要求；三级配电是指总配电箱、分配电箱、开关箱三级控制（图53），实行分级配电；两级保护是指在总配电箱和开关箱中必须分别装设漏电保护器，实行至少两级保护。

（3）所有配电箱的箱门外侧应有大队标志、名称和电气闪络标识，张贴责任信息牌，有编号，专业电工定期检查维护并实行上锁管理。

（4）配电箱应为室外防雨型，箱内应保持清洁，不得有杂物，有配电系统图、定期巡检记录表。

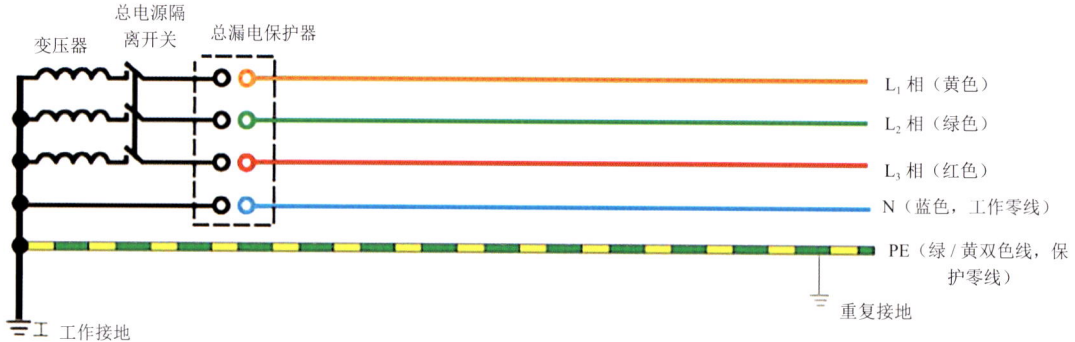

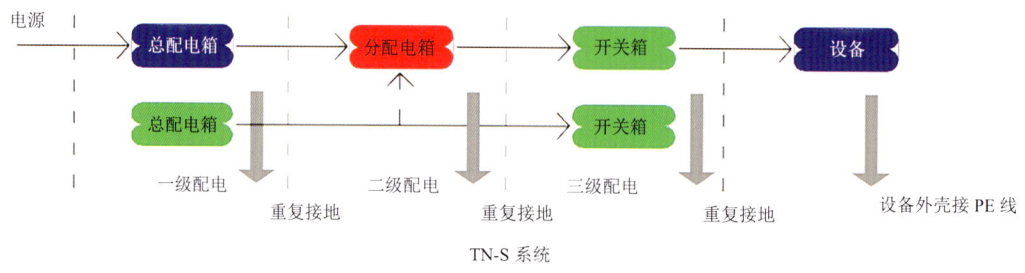

图 53　配电箱示意图

六、野外现场

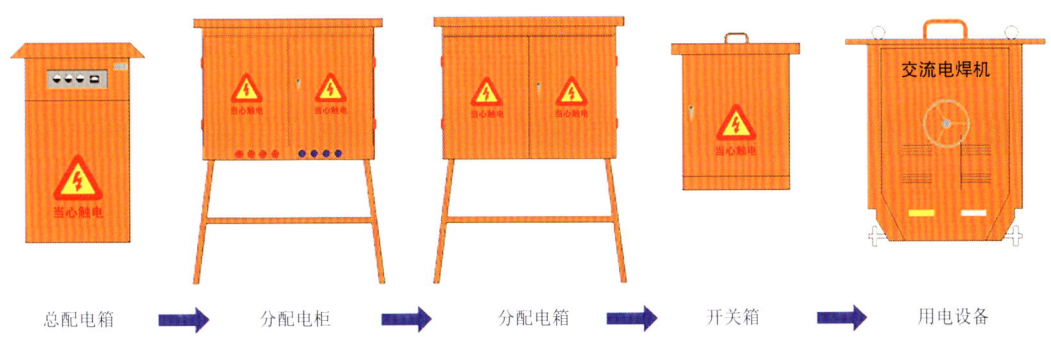

总配电箱 ➡ 分配电柜 ➡ 分配电箱 ➡ 开关箱 ➡ 用电设备

图 53　配电箱示意图（续）

1. 总配电箱电器布置

总配电箱电器布置的标准要求如下：

总配电箱的电器应具备电源隔离，正常接通与分断电路，以及短路、过载、漏电保护功能。总配电箱电器布置如图 54 所示。电器布置应符合下列原则：

（1）当总路设置总漏电保护器时，应加装总隔离开关、分路隔离开关以及总断路器、分路断路器或总熔断器、分路熔断器。当所设的总漏电保护器同时具备短路、过载、漏电保护功能时，可不设总断路器或总熔断器。当采用带隔离功能的断路器时，可不设置隔离开关。

（2）当各分路设置分路漏电保护器时，应加装总隔离开关、分路隔离开关以及总断路器、分路断路器或总熔断器、分路熔断器。当分路所设的漏电保护器同时具备短路、过载、漏电保护功能时，可不设分路断路器或分路熔断器。

（3）隔离开关应设置在电源进线端，应采用分断时具有可见分断点，并能同时断开电源所有极的隔离开关。如采用分断时具有可见分断点的断路器，可不另设隔离开关。

（4）熔断器应选用具有可靠灭弧分断功能的产品。

（5）总开关电器的额定值、动作整定值应与分路开关电器的额定值、动作整定值相适应。

（6）总配电箱中漏电保护器的额定漏电动作电流应大于 30 mA，额定漏电动作时间应大于 0.1 s，但其额定漏电动作电流与额定漏电动作时间的乘积不应大于 30 mA·s。

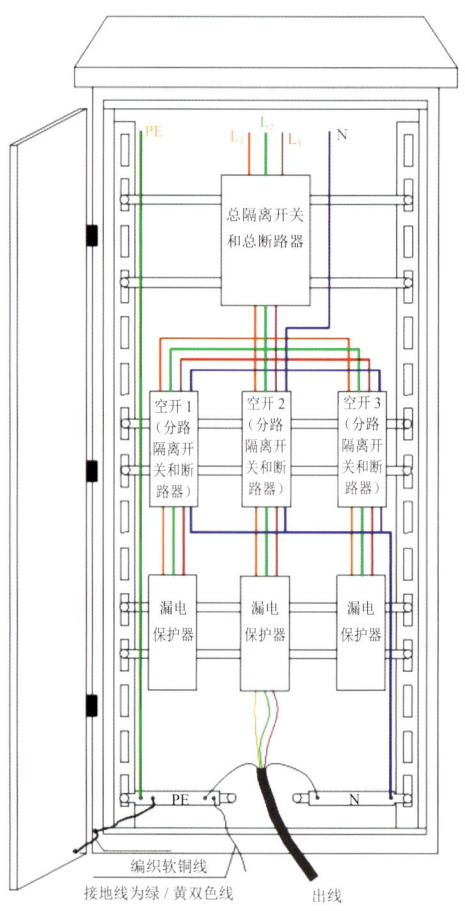

图 54 总配电箱电器布置图

六、野外现场

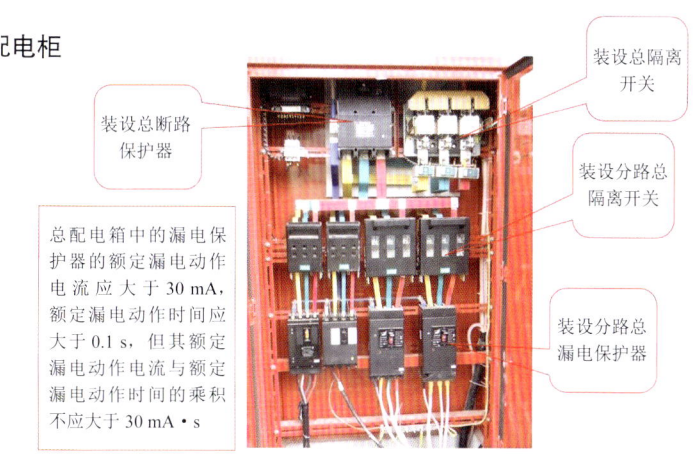

图54　总配电箱电器布置图（续）

2. 分配电箱电器布置

分配电箱电器布置的标准要求如下：

分配电箱应装设总隔离开关、分路隔离开关以及总断路器、分路断路器或总熔断器、分路熔断器。如图55所示。

图55　分配电箱电器布置图

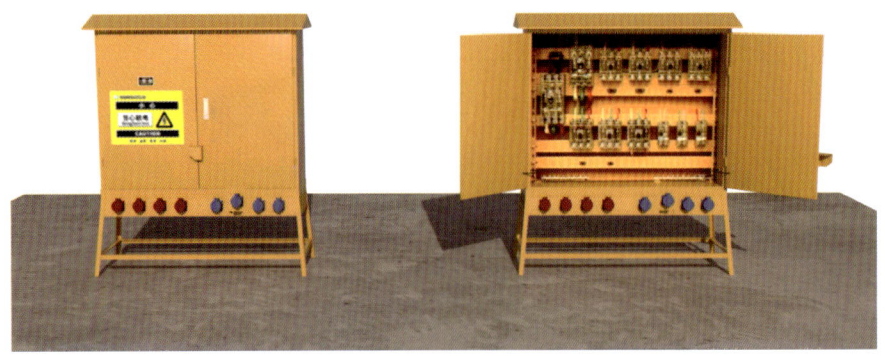

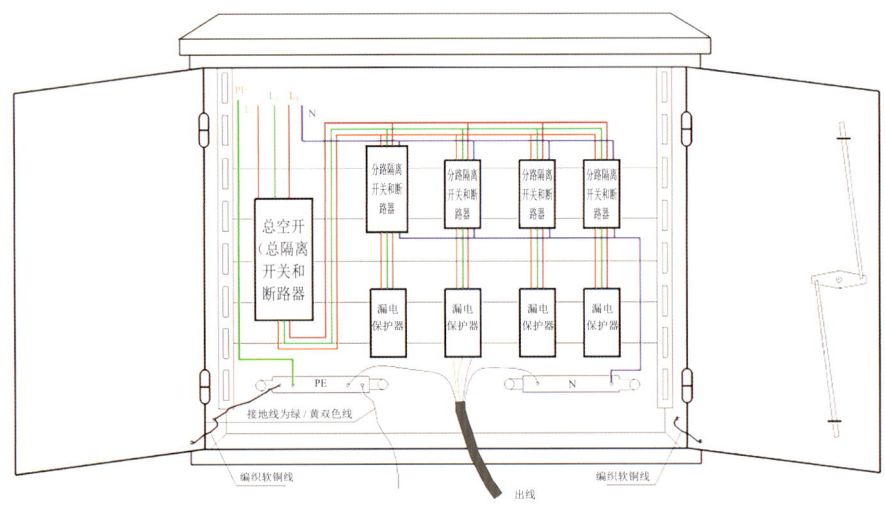

图 55　分配电箱电器布置图（续）

3. 开关箱电器布置

开关箱电器布置（图 56）的标准要求如下：

（1）开关箱必须装设隔离开关、断路器或熔断器，以及漏电保护器。当漏电保护器同时具有短路、过载、漏电保护功能时，可不装设断路器或熔断器。隔离开关应采用分断时具有可见分断点且能同时断开电源所有极的隔离开关，并应设置于电源进线端。当断路器是具有可见分断点时，可不另设隔离开关。

（2）漏电保护器应装设在开关箱靠近负荷的一侧，不得用于启动电气设备的操作。

（3）开关箱中漏电保护器的额定漏电动作电流应不大于 30 mA，额定漏电动作时间应不大于 0.1 s。使用于潮湿或有腐蚀介质场所的漏电保护器应采用防溅型产品，其额定漏电动作电流应不大于 15 mA，额定漏电动作时间应不大于 0.1 s。

六、野外现场

（4）开关箱中的隔离开关只可直接控制照明电路和容量不大于 3.0 kW 的动力电路，但不应频繁操作。容量大于 3.0 kW 的动力电路应采用断路器控制，操作频繁时还应附设接触器或其他启动控制装置。

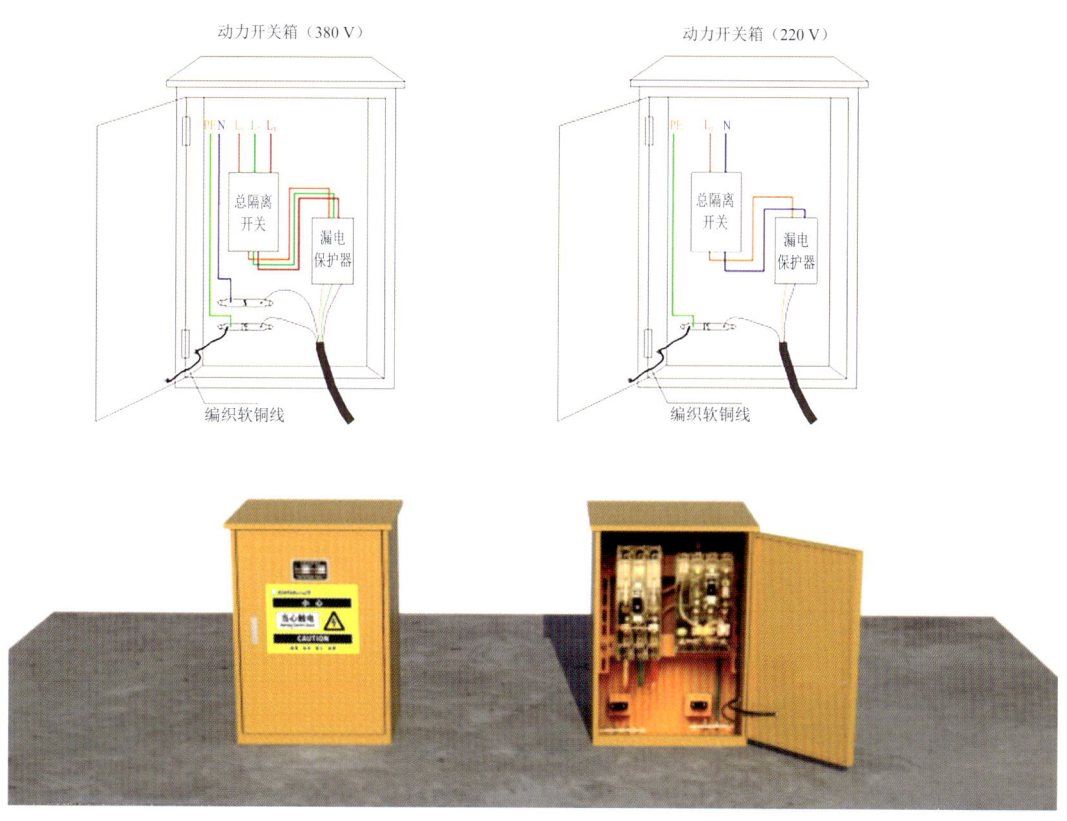

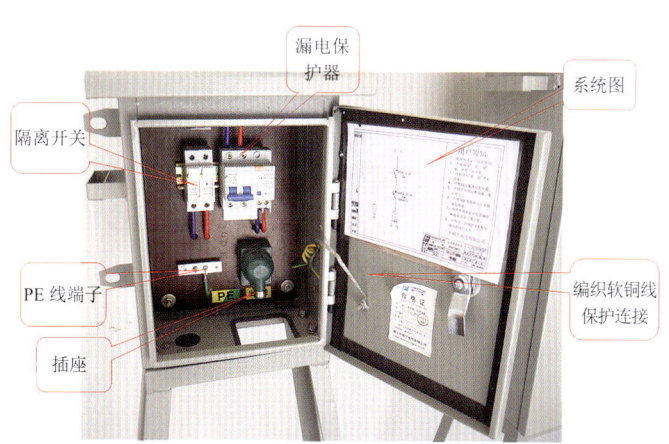

图 56　开关箱电器布置图

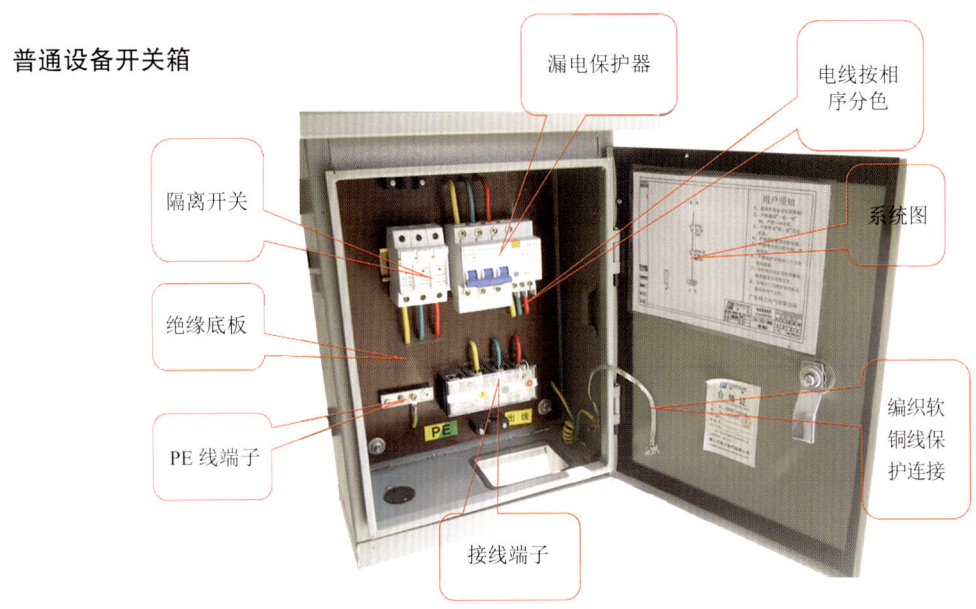

图 56 开关箱电器布置图（续）

4. 接地接零

接地接零的标准要求如下：

（1）在作业现场专用变压器的供电的 TN-S 接零保护系统中，电气设备的金属外壳必须与保护零线连接（图 57）。保护零线（图 58）应由工作零线（图 59）、配电室（总配电箱）电源侧零线或总漏电保护器电源侧零线处引出。保护零线应单独敷设，不得装设任何开关与熔断器，保护零线接至每台用电设备的金属外壳（包括配电箱）；保护零线严禁穿过漏电保护器，工作零线必须穿过漏电保护器。

（2）作业现场每一处重复接地的接地电阻值应不大于 10 Ω，且不得少于 3 处（即总配电箱、线路的中间和末端处），重复接地线应与保护零线相连。

（3）在同一电网中，不允许一部分用电设备采用保护接地，而另一部分用电设备采用保护接零；电箱中应设两块端子板（工作零线 N 与保护零线 PE），保护零线端子板与金属电箱相连，工作零线端子板与金属电箱绝缘。

六、野外现场

（4）当相线截面积 $S<16\ \text{mm}^2$ 时，保护零线最小截面面积与相线相同；相线截面积 $16<S\leqslant 35\ \text{mm}^2$ 时，保护零线最小截面面积为 $16\ \text{mm}^2$；相线截面积 $S>35\ \text{mm}^2$ 时，保护零线最小截面面积为 $S/2$。

（5）工作零线和保护零线在配电箱内应通过端子板连接，其中保护零线在其他地方不得有接头。

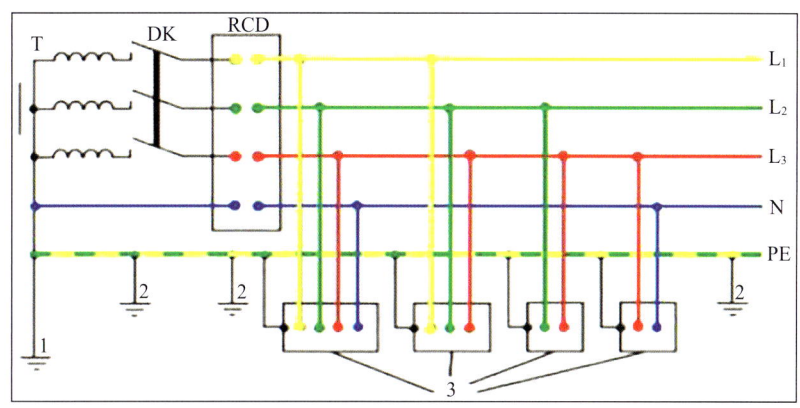

图57　接地接零电路图

1—工作接地；2—PE 线重复接地；3—电器设备金属外壳（正常不带电的外露可导电部分）；
L_1、L_2、L_3—相线；N—工作零线；PE—保护零线；DK—总电源隔离开关；RCD—总漏电保护器；
T—变压器

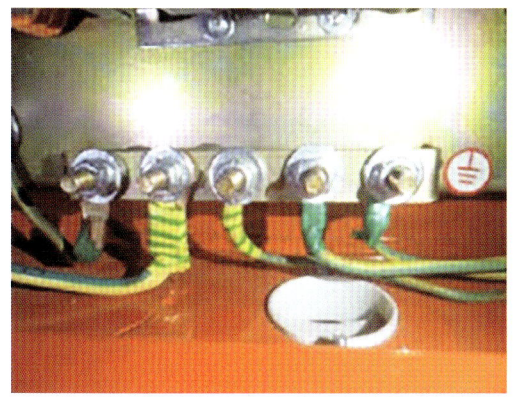

图58　保护零线

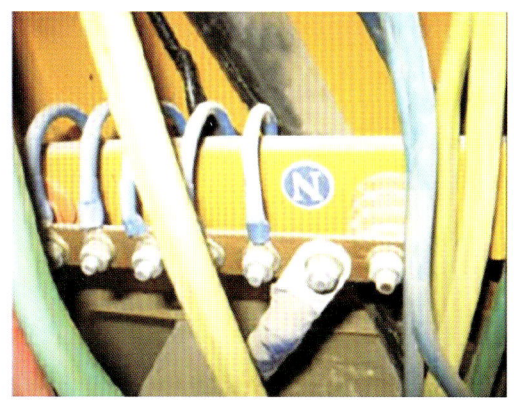

图59　工作零线

5. 电缆架设布置

电缆架设布置的标准要求如下：

（1）电缆线架空敷设须使用 S 钩（图 60，图 61）、瓷瓶进行绝缘保护。

（2）不应将电缆挂设在钢管上，若必须挂设于钢管上，应有可靠的绝缘措施。

（3）作业区域使用的过路管线应使用过路盖板进行保护，或使用临时支撑架（图 62；使用后效果如图 63 所示），电缆线应使用绝缘挂钩进行挂设。

图 60 "S"钩效果图

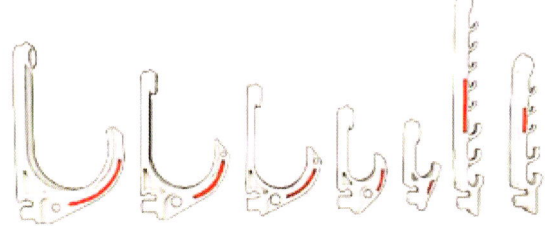

图 61 阻燃绝缘塑料挂钩成品图

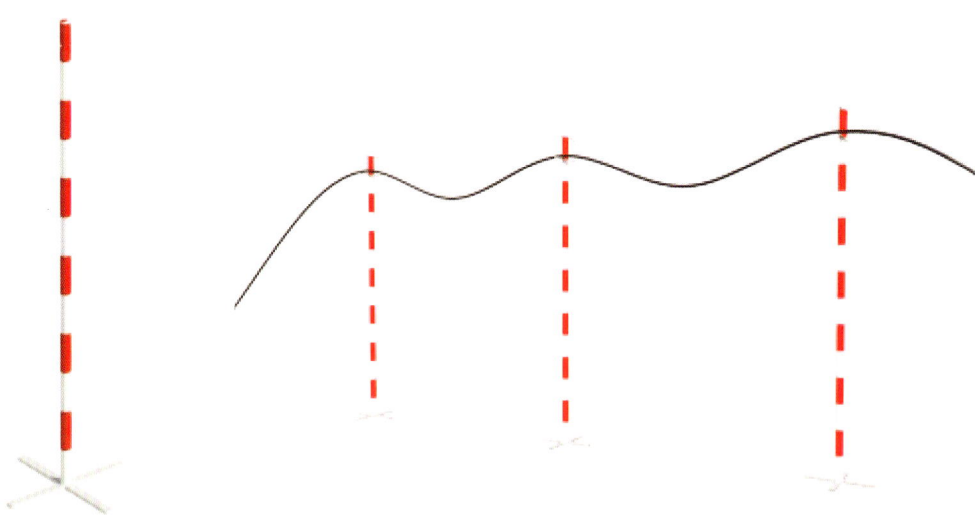

图 62 电缆临时支撑架效果图

图 63 电缆临时支撑架使用效果图

6. 照明

照明的标准要求如下：

（1）结合现场作业环境条件并根据国家、行业标准及规范要求选择相适应的照明器具和安全电压。

（2）照明线路敷设应穿管或架空保护，不允许使用导电体绑扎电线，应使用合适的绝缘体绑扎。

（3）室外 220 V 固定式照明灯具距地面不低于 3 m。

（4）作业现场可根据现场实际情况采购成品 LED 灯带等固定式照明设备，宜使用安全电压灯带。

（5）移动式照明，如图 64 所示的移动 LED 照明灯，适用于局部场地作业照明，放置的位置应适当，不影响作业和通行。

（6）移动式灯具宜采购成品，不允许使用敞开式卤钨灯具。

（7）夜间作业最低照度应大于 50 lx。

图 64　移动 LED 照明灯

（八）应急疏散图

应急疏散图（图65）的标准要求如下：

（1）应急疏散图应张贴或悬挂在通道醒目位置，并确保满足照明需求。

（2）疏散图应能使作业人员看清所在区域逃生路线，逃生路线指向最近的楼梯或出口。作业现场应结合实际情况设置应急疏散图。图中至少应包括逃生路线和消防器材布置位置。

（3）应急疏散图应根据项目进展实时更新，确保内容的有效性。

（4）材质宜采用聚丙烯不干胶，铝合金板或PVC板，持久防雨、防晒。

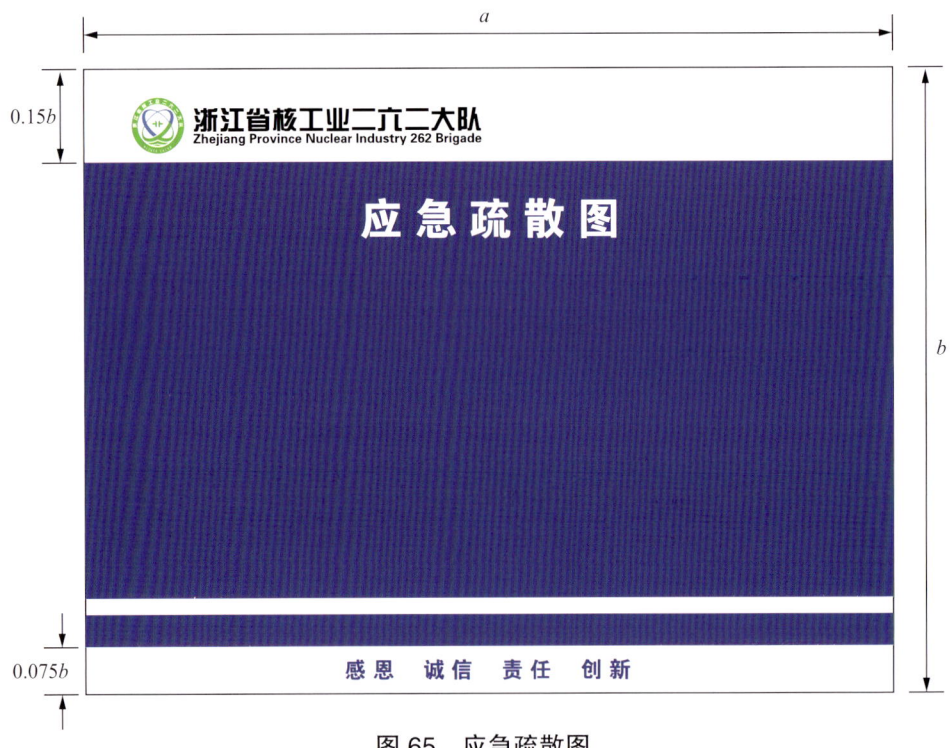

图65　应急疏散图

单位：mm

a	b
400	300

六、野外现场

（九）应急集合点

应急集合点的标准要求如下：

应在集合点醒目位置挂设应急集合点标识牌（图66），标识牌应固定牢固。

图66 应急集合点标识牌

单位：mm

a	b
400	300

（十）应急照明

应急照明的标准要求如下：

（1）应急照明配置应满足应急情况下的照明需求。

（2）项目部宜设置固定式应急照明设施。

（3）照明电源线路不得接触潮湿部位和热源，不得直接绑在金属构件上。

（4）应急照明的照度要求：消防应急照明灯具（图67）的应急工作时间不应小于 90 min，且不小于灯具本身标称的应急工作时间。

（5）应急照明设施应由专人负责管理，并定期进行检查维护，确保其始终处于可用状态。

图 67　消防应急照明灯具实物图

六、野外现场

（十一）临边防护

临边防护的标准要求如下：

1. 一般要求

（1）临边防护栏杆应由横杆、立杆组成，应为两道横杆，上杆距离地面高度应为 1200 mm，下杆距离地面高度 600 mm。当防护栏杆大于 1200 mm 时，应增设横杆，间距不应大于 600 mm。如图 68 所示。

（2）临边防护栏杆设置应根据实际情况，采用斜撑支撑方式防倾倒。

2. 基坑、沟槽、坡口临边防护

（1）防护栏杆上横杆高 1200 mm，中横杆高 600 mm。

（2）防护栏杆离基坑边口的距离不小于 500 mm。

3. 防护围栏

（1）活动围栏主要用于材料围挡、警戒隔离等临时围挡措施。

（2）根据现场实际情况可采取其他类型的防护围栏，如可伸缩围栏。

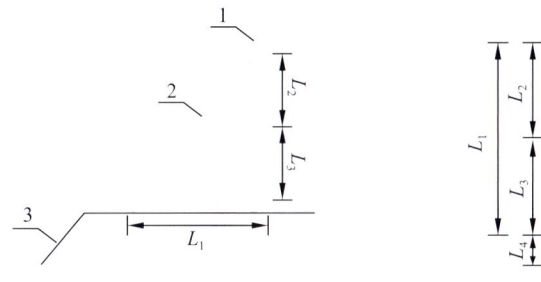

单位：mm

L_1	L_2	L_3
900	≥ 500	≥ 500

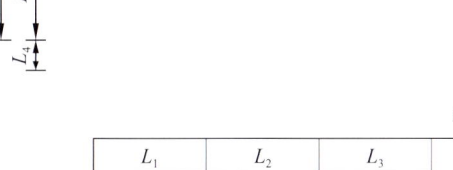

单位：mm

L_1	L_2	L_3	L_4
≥ 1000	≥ 500	≥ 500	100

1—立杆 @2000 mm；
2—斜撑 @2000 mm；
3—基坑/沟槽边坡

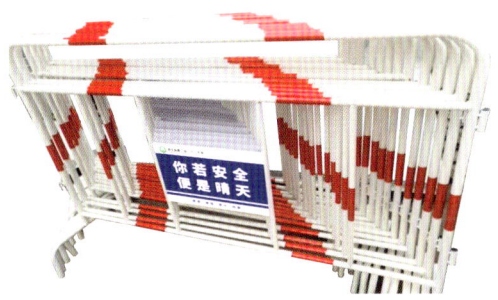

图 68　活动防护围栏图样

七、地勘作业

七、地勘作业

（一）基本要求

1. 作业行为"七禁止"

（1）禁止单人野外作业，两人以上作业不能脱离视线。

（2）禁止雷雨天气在孤立的大树、山顶、悬崖下避雨，在高压电杆、铁塔、避雷针接地导线周围 20 m 范围内行走。

（3）禁止在野外河道、湖泊、池塘游泳。

（4）禁止食用未经识别的植物和水源。

（5）禁止酒后野外作业，高原地区地质勘查作业严禁饮酒。

（6）禁止在电网密集地区使用金属标尺测量作业。

（7）禁止在林区、草原作业区留下未熄灭的火源。

2. 作业过程"八规定"

（1）应充分了解掌握野外工作区天气情况和安全状况，体质应适应野外工作要求。

（2）应根据《地质勘查安全防护与应急救生用品（用具）配备要求》的规定，配备有效的安全防护用品并正确使用。

（3）应按约定时间和路线返回约定的营地。

（4）在疫源地区应接种疫苗，在传染病流行区应采取注射预防针剂或其他防疫措施。

（5）2 m 以上的高处作业应系安全带。

（6）在悬崖、陡坡进行地质勘探作业时应清除上部浮石，不得坡上、坡下同时作业。

（7）应定期参加自救互救培训，充分利用登山杖、长树干等工具，做好防毒蛇（虫）叮咬的工作，并配备必要的应急救生用品。

（8）老矿区、废弃坑道地区调查，应观察坑道口灌水、草遮盖情况，下坑观测前，应通风并进行坑内有毒有害水体、气体检测。

3. 野外用车安全要求

（1）野外作业车辆必须经法定检验机构检验合格，车上按规定配备车载定位导航通信终端、灭火器、安全锤、行车记录仪、车载地质救生箱、三脚架等安全设备，野外作业车辆必须满足野外作业地区越野性能要求。

（2）野外作业用车，应合理规划行车时段和路线，连续行驶 2 h 应停车休息。避免夜间、极端天气和危险路段等条件下行车，在无法避免的情况下，应遵循以下原则：

A.夜间行车或者在遇有冰雹、雨、雪、雾、结冰等气象条件时行车，应低速行驶；

B.在涉水、过桥、弯路或者在容易发生滑坡、崩塌、泥石流路段行车，应注意观察，谨慎驾驶；

C.在自然条件恶劣、生存条件差的无人居住区域行车，应实行双驾驶员或者有随车陪同人员。

（二）钻探作业

1.钻机配置

钻机配置参数见表1和表2。

表1　塔架式立轴钻机参数

参数项目		单位	不同系列序号设定值					
			1	2	3	4	5	6
基本参数	驱动功率	kW	11	22	37	55	75	110
	采用下列口径时的额定钻进深度	m	150	500	1000	1500	2000	3000
	终孔口径	mm	60	60	60	60	60	60
	钻杆直径	mm	55.5	55.5	55.5	55.5	55.5	55.5
	钻孔倾角	(°)	15～90	65～90	75～90	80～90	90	90
立轴转速	正转级数		4～8	8～10	8～12	8～12	8～12	8～12
	正转最高转数	r/min	1200	1200	1100	1100	1000	1000
	正转最低转数	r/min	90	90	70	70	65	65
	反转最低转数	r/min	90	90	70	70	65	65
卷扬机	单绳额定提升能力	kN	10～15	25～30	35～40	45～50	55～60	70～80
	单绳提升最低线速度	m/s	0.3～0.7	0.3～0.7	0.3～0.7	0.3～0.7	0.3～0.7	0.3～0.7
	钢绳直径	mm	9.3	12.5	15.5	18.5	21.5	24.5

七、地勘作业

表2 便携式全液压钻机参数（钻机型号：HYQB-8）

参数项目		设定值	备注
钻孔深度	BTW 钻杆 /m	1000	钻杆长度 1.5 m
	NTW 钻杆 /m	800	
	HTW 钻杆 /m	600	
发动机	柴油机型号	V1505-T	久保田
	功率转速 /（r·min^{-1}）	3000	
	柴油机数量 /台	4	
	总功率 /kW	132	
动力头	结构型式	顶驱式	
	转速范围 /（r·min^{-1}）	0～1300	两挡/无级调速
	最大扭矩 /（N·m）	1565	
给进系统	最大提升力 /kN	160	单缸减半
	最大给进力 /kN	80	
	动力头行程 /m	1.8	
	钻孔角度 /（°）	45～90	订制型 0～90
液压系统	系统型式	闭式+开式	
	额定压力 /MPa	30	
泥浆泵	型号	HDD100/8	液压直驱
	最大流量 /（L·min^{-1}）	120	
	最高压力 /MPa	8	
绳索卷扬	单绳最大提升力 /kN	10	
	钢丝绳直径 /mm	6	
夹持器	夹持范围 /mm	HTW/NTW/BTW	
	通孔直径 /mm	134	
整机外形尺寸	工作尺寸 /mm	4500×4500×6160	长×宽×高
解体后单件最大质量 /kg		210	柴油机不带泵
整机质量 /t		3.3	

2. 便携式全液压钻机

便携式全液压钻机的标准要求如下：

便携式全液压钻机平台平面尺寸不小于 5 m×5 m，钻机工作台安装防护栏杆，高度不小于 1.2 m，木质踏板厚度不小于 50 mm；机场挖方边坡坡度不大于 1∶1，坡顶设置截水沟，坡脚设置排水沟，水沟坡度不小于 1% 且坡向汇水区。如图 69 至图 72 所示。其他方面严格执行《地质勘探安全规程》（AQ 2004—2005）和《地质岩心钻探规程》（DZ/T 0227—2010）等标准。

图 69　钻机安装调试图

图 70　钻杆分区堆放图

图 71　木质踏板铺设图

图 72　机台栏杆围护图

七、地勘作业

3. 塔架式立轴钻机

塔架式立轴钻机的标准要求如下：

塔架式立轴钻机平台平面尺寸不小于 6 m×6 m；钻塔高度 18 m 以下对称设置 4 根绷绳；18 m 以上钻塔应分两层，每层设 4 根绷绳；绷绳采用直径 12.5 mm 以上的钢丝绳；每处钢丝固定绳卡不少于 3 个；钻塔安设高出塔顶 1.5 m 的避雷针或设置有效的防雷等电位装置；机场内取暖火炉距油料不小于 10 m，距塔布不小于 1.5 m。如图 73 所示。其他方面严格执行《地质勘探安全规程》（AQ 2004—2005）和《地质岩心钻探规程》（DZ/T 0227—2010）等标准。

图 73 塔架式立轴钻机布置场景

4. 作业环境

作业环境要求如下：

（1）夜间或5级以上大风、雷雨、雾、雪等天气停止作业。

（2）雷雨季节、落雷区钻塔应安装避雷针或采取其他防雷措施。

（3）钻架外边缘与输电线路边缘之间的安全距离应符合相关规定。

（4）电气设备应安装在干燥、清洁、通风良好的地方。

5. 机场地基

机场地基要求如下：

（1）钻塔底座的填方部分，不得超过塔基面积的1/4。

（2）岩石坚固稳定时，坡度应小于80°，地层松散不稳定时，坡度应小于45°。

（3）机场周围应有排水措施。

（4）满足钻孔边缘距地下电缆线路水平距离大于5 m，距地下通讯电缆、构筑物、管道等水平距离应大于2 m。

6. 设备设施

设备设施要求如下：

（1）开孔钻进前，应对设备、安全防护设施、措施进行检查验收，外露的转动部位应设置可靠的防护罩或者防护栏杆。

（2）机动车搬运设备时，应有专人指挥，禁止在高压电线下和坡度超过15°坡上或凹凸不平和松软地面整体迁移钻机。

（3）钢丝绳安全系数应大于7，提引器处于孔口时，升降机卷筒钢丝绳圈数不少于3圈。

（4）钢丝绳固定连接绳卡应不少于3个，绳卡与绳头的距离应大于钢丝绳直径的6倍。

7. 操作人员

操作人员要求如下：

（1）禁止穿带钉子鞋或者有硬底的鞋上钻塔作业，设备塔上塔下不得同时作业。

（2）拆卸钻塔应从上而下逐层拆卸，安、拆钻塔应铺设工作台板。

（3）竖立或放倒钻架前，应当埋牢地锚；竖立或放倒钻架时，作业人员应离开钻架起落范围。

（4）机械转动时，禁止进行机器部件的擦洗、拆卸和维修，禁止跨越传动皮带、转动部位或从其上方传递物件。

（5）禁止戴手套挂皮带或打蜡，禁止用铁器拨、卸、挂传动中皮带。

（6）禁止用手扶持高压胶管或水龙头。

（7）禁止调整回转器、转盘；严禁转盘上站人。

（8）严禁升降过程中用手触摸钢丝绳。

（9）提落钻具或钻杆，提引器切口应朝下。

（10）钻具处于悬吊或倾斜状态时，禁止用手探摸悬吊钻具内的岩芯或探视管内岩芯。

（11）操作拧管机和插垫叉、扭叉，应由一人操作。

（12）发生跑钻时，禁止抢插垫叉或强行抓抱钻杆。

（13）处理孔内事故时应由机（班）长或熟练技工操作，并设专人指挥，除直接操作人员外，其他人员应撤离。

（三）槽探作业

槽探作业的标准要求如下：

（1）人工掘进探槽时，禁止采用挖空槽壁自然塌落方法。

（2）为了施工安全，探槽的深度不得超过 3 m，否则应改用浅井、浅孔或其他揭露工程。

（3）槽壁应保持平整，松石应及时清除，槽口两侧 1 m 内不得堆放土石和工具。

（4）在松软易坍塌地层掘进探槽时，两壁应及时支护。

（5）槽内有 2 人以上同时施工时，应保持 3 m 以上的安全距离。

（6）雨季在斜坡上挖槽，高处须挖截水沟，以防坍塌，雨后必须认真检查，确认安全后，才能开始工作。

（7）槽内需要爆破时，必须由专业爆破公司承担爆破任务。

（8）探槽应及时回填。

（9）不准在槽内休息或睡觉。

（四）物探作业

物探作业的标准要求如下：

（1）电法勘探作业人员应熟练掌握安全用电和触电急救知识，供电人员应使用绝缘防护用品。

（2）发电机应有有效的漏电保护电路，仪器外壳、面板旋钮、插孔等绝缘电阻应大于 100 MΩ/500 V。

（3）操作人员进行漏电检查和供电测试前，必须事先和跑极员联系，在确认人员离开供电电极后，方可供电。

（4）供电电极或"无穷远"电极附近应设有明显的警示标志或由专人看守，电极在水中工作时，应离开电极所在水域。

（5）禁止选择用输送易燃易爆气体的管道作为直接法或充电法作业的充电点。

（6）雷雨天气，禁止进行电法野外勘探作业。

八、地勘场景可视化

八、地勘场景可视化

（一）可视化管控平台

可视化管控平台（图74）的标准要求如下：

可视化系统采用IP网络传输，摄像头通过POE方式接入网络，留有扩展接口，各项目监控实时接入大队可视化管控平台；每个项目驻地设置一个网络节点作为分控站，配备服务器（计算机）和显示器，可查看本项目监控视频；视频图像清晰，不低于720 P，24 h不间断，存储时间不低于30 d；地质钻探现场（钻机平台）为重点监控对象，项目驻地、样品晒场及岩芯库、区调物化探作业为一般监控对象。

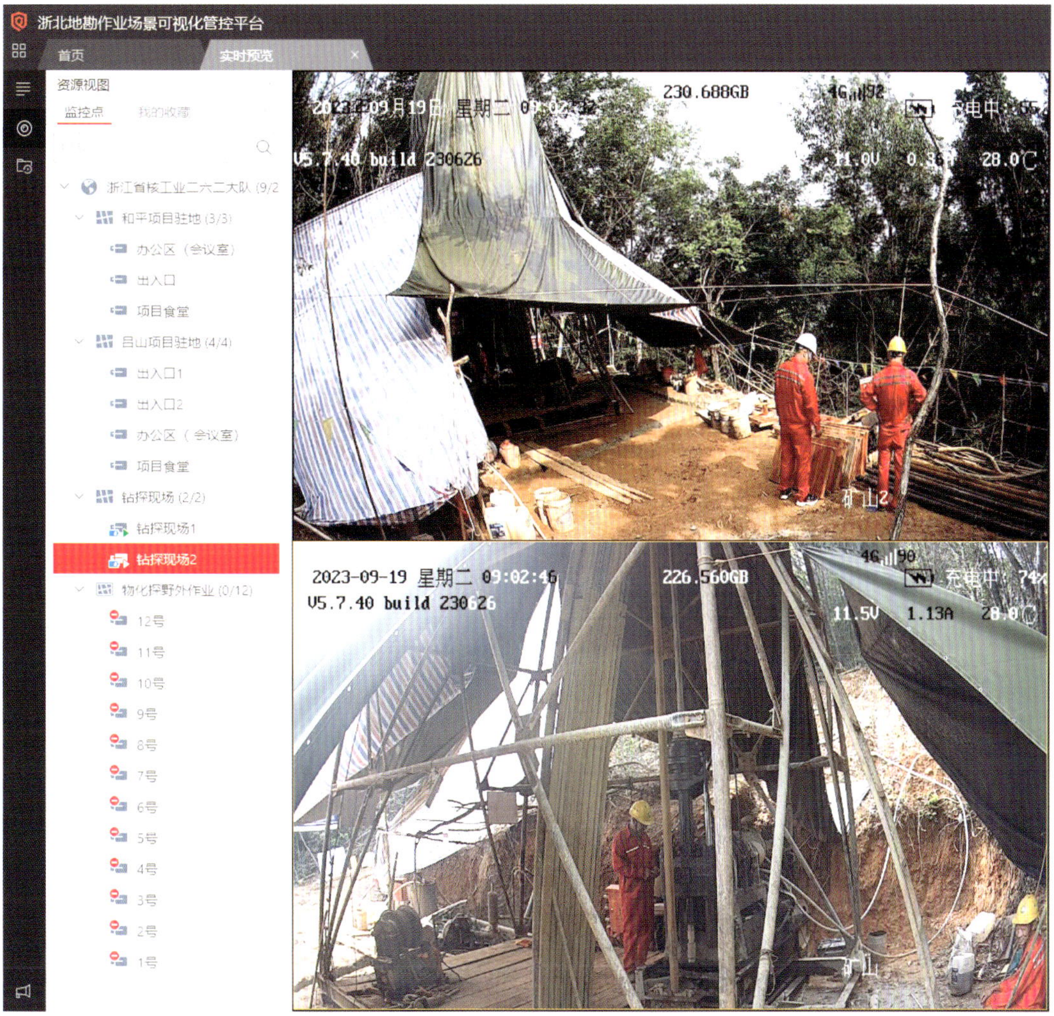

图74 地勘作业场景可视化管控平台

77

（二）太阳能（蓄电池）摄像头

太阳能（蓄电池）摄像头的标准要求如下：

地质钻探现场应配置太阳能（蓄电池）摄像头（图75），接入可视化管控平台；作业现场配置4G网络摄像头，无线传输，包含太阳能（蓄电池）和存储卡，存储空间不小于24 h视频量。

太阳能（蓄电池）摄像头安装在能照准钻机的相对空旷位置，立杆根据实际情况采用固定直埋式或者移动支架式，适时清理遮挡物保证光伏板持续正常工作。

a. 固定直埋式1

b. 固定直埋式2

c. 移动支架式

图75　太阳能（蓄电池）摄像头布置场景

（三）便携式移动记录仪

便携式移动记录仪（图76）的标准要求如下：

野外地质队员区调（物探）作业过程中应佩戴便携式移动记录仪（图77）。

便携式移动记录仪具有定位功能，有信号时自动传输，无信号时待恢复信号后自动恢复传输。自动无线实时传输，续航不小于 8 h，定位偏差不大于 20 m。

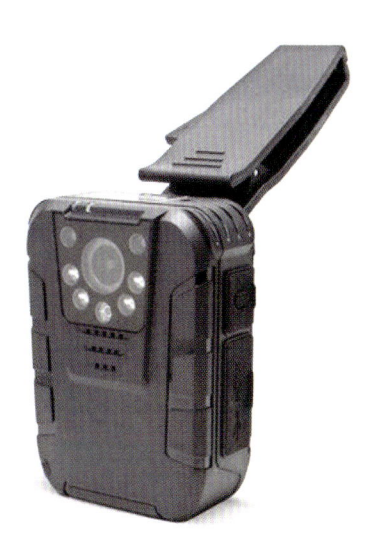

图 76　便携式移动记录仪

图 77　地质队员佩戴便携式移动记录仪示意图

附　录　野外地质项目安全生产标准化考评

附　录　野外地质项目安全生产标准化考评

　　开展安全生产标准化的野外地质项目，现场应按照本图册要求执行，每季度对项目安全生产标准化的执行情况进行一次自查，根据安全生产标准化自查结果，对相关问题落实整改。同时，应客观分析项目安全生产标准化的执行质量，及时调整完善项目现场管理，加强现场标准化过程管控，持续改进，不断提高项目安全生产管理水平。野外地质项目安全生产标准化考评表见表3。

表3　野外地质项目安全生产标准化考评表

序号	项目	考评内容	分值	评分标准
一	员工防护	安全帽、劳保鞋、护目镜、遮阳帽、工作服规范配置及穿戴	5	（1）未配置合格的员工劳防用品，扣5分； （2）未规范穿戴劳防用品，扣1分/人次
二	办公区	办公（会议）室的布置，牌匾、项目管理牌、门牌与规章制度牌等标牌的规范挂设，党建宣传栏、安全自查镜的设置	5	（1）在主要出入口明显处未设置牌匾（应标有单位名称或单位标识）、安全自查镜，扣2分/项； （2）未在项目办公区显眼位置设置项目管理牌、核心价值观，扣2分； （3）项目办公室、会议室未设置门牌及规章制度牌，扣2分； （4）项目部未张贴或悬挂大队、项目简介、项目实施布置图、重要复杂工程剖面图等典型图纸，扣1分/项； （5）项目未设置党建宣传专栏，扣2分； （6）员工未佩戴工作牌，扣0.5分/人
二	办公区	规范建立安全责任书、安全培训教育、安全隐患排查整改记录、劳保用品发放、安全活动及报表、应急管理等台账	5	项目未按本图册要求建立如下台账，每个台账扣1分： （1）安全责任书台账； （2）项目人员花名册台账； （3）安全培训教育台账； （4）安全隐患排查整改记录台账； （5）劳保用品发放台账； （6）安全活动及报表台账； （7）应急管理台账
三	库房	物资库的规范设置	4	（1）物资库兼他用，不符合"防盗、防光、防高温、防火、防潮、防尘、防鼠、防虫"八防要求，扣2分； （2）库房内未合理设置物资架，离地高度小于10 cm，扣0.5分； （3）物资摆放上架不整齐，扣0.5分； （4）未建有相应管理台账，扣2分； （5）仓库内存在吸烟现象（发现烟头），扣1分； （6）仓库内动明火，扣2分； （7）消防通道被阻塞不畅通，扣1分； （8）仓库内放置易燃、易爆物品，扣2分
三	库房	岩芯库的规范设置	1	岩芯铺放长度过长，超过1 m，堆放高度超过1.5 m，每项扣0.5分

续表

序号	项目	考评内容	分值	评分标准
四	宿舍	宿舍的规范设置	5	（1）宿舍区通道或宿舍墙上未张贴制度牌、安全注意事项牌、作息时间表、卫生值日表，扣 0.5 分 / 项； （2）宿舍楼梯口、门口未按规范设置灭火器箱（内装灭火器，2 具 / 箱），扣 2 分； （3）灭火器间距大于 25 m，扣 1 分； （4）宿舍未设置空调进行防暑降温和冬季取暖，扣 1 分； （5）供电线路未单独设置，扣 1 分
五	食堂	食堂的规范布设	5	（1）厨师健康证未上墙，扣 1 分； （2）每周菜谱、职工就餐统计表未公开张贴，扣 0.5 分； （3）灶具、厨具、餐具未配齐，扣 0.5 分； （4）生熟未分开，扣 1 分； （5）食堂操作区和就餐区未相互隔离，扣 1 分； （6）燃气灶未安装燃气泄露报警装置，扣 2 分； （7）液化气罐未安装防回火装置，扣 2 分
六	野外现场	标志牌的规范设置	2	（1）标志牌设在门、窗、架等可移动的物体上，扣 0.5 分； （2）多个标志牌在一起设置时，未按警告、禁止、指令、提示类型的顺序，先左后右、先上后下排列，扣 2 分； （3）标志牌的设置高度，应尽量与人的眼睛视线高度相一致，悬挂式和柱式的环境信息标志牌的下缘距地面的高度小于 2 m，扣 0.5 分
六	野外现场	安全告知、制度规程牌规范制作和规范张挂	4	（1）信息牌形式不符合本图册要求，扣 0.5 分 / 处； （2）现场未张挂安全操作规程、安全告知、班前安全教育点等标牌，扣 0.5 分 / 项
六	野外现场	规范张贴或悬挂危险因素信息牌	2	现场未张贴或悬挂危险源公示牌，扣 1 分
六	野外现场	灭火器的规范配置和规范布置	4	（1）现场未按照《建设工程施工现场消防安全技术规范》（GB 50720—2011）、《建筑灭火器配置设计规范》（GB 50140—2005）和《建筑灭火器配置验收及检查规范》（GB 50444—2008）的要求配置灭火器，扣 2 分； （2）手提式灭火器箱体未标注火警电话，扣 0.5 分； （3）灭火器瓶体或箱内未挂设或张贴定期检查记录卡，扣 1 分； （4）灭火器材未设置在位置明显和便于取用的地方，且影响安全疏散，扣 1 分； （5）在现场灭火器点，未设置灭火器使用方法图，扣 0.5 分； （6）未做好防止拥堵措施，扣 1 分
六	野外现场	队旗的规范悬挂	1	在钻探现场未悬挂队旗，扣 1 分

附　录　野外地质项目安全生产标准化考评

续表

序号	项目	考评内容	分值	评分标准
六	野外现场	临时用电规范使用	3	（1）作业现场临时用电工程未严格遵循《施工现场临时用电安全技术规范》（JGJ 46—2005）等标准的规定，每处扣 0.5 分； （2）配电箱的箱门外侧无单位标志、名称和电气闪络标识，扣 0.5 分； （3）未张贴责任信息牌，扣 0.5 分； （4）未编号，无专业电工定期检查维护，扣 1 分； （5）未实行上锁管理，扣 1 分； （6）现场配电箱不是室外防雨型，扣 1 分； （7）箱内未保持清洁，有杂物，扣 0.5 分； （8）箱内无配电系统图，扣 0.5 分； （9）无定期巡检记录表，扣 0.5 分
		开关箱内电器的规范布设	3	（1）开关箱未装设隔离开关、断路器或熔断器，以及漏电保护器，扣 1 分； （2）隔离开关未采用分断时具有可见分断点，扣 1 分； （3）漏电保护器用于启动电气设备的操作，扣 2 分； （4）开关箱中漏电保护器的额定漏电动作电流大于 30 mA，额定漏电动作时间大于 0.1 s，扣 1 分； （5）使用于潮湿或有腐蚀介质场所的漏电保护器未采用防溅型产品，扣 1 分； （6）开关箱中的隔离开关控制容量大于 3.0 kW 的动力电路，扣 1 分
		接地接零的规范设置	3	（1）在施工现场专用变压器的供电的 TNS 接零保护系统中，电气设备的金属外壳未与保护零线连接，扣 1 分； （2）保护零线未单独敷设，装设开关与熔断器，扣 1 分； （3）保护零线穿过漏电保护器，扣 1 分； （4）工作零线未穿过漏电保护器，扣 1 分； （5）施工现场重复接地的接地电阻值大于 10 Ω，扣 1 分； （6）重复接地线未与保护零线相连，且少于 3 处，扣 1 分； （7）在同一电网中，一部分用电设备采用保护接地，而另一部分设备采用保护接零，扣 1 分； （8）电箱中未设两块端子板（工作零线 N 与保护零线 PE），扣 1 分； （9）当相线截面积与保护零线最小截面面积与相线不相匹配时，扣 1 分； （10）保护零线在其他地方有接头，扣 1 分
		电缆线的规范架设布置	2	（1）电缆线架空敷设未使用 S 钩、瓷瓶进行绝缘保护，扣 0.5 分； （2）将电缆挂设在钢管上，未采取可靠的绝缘措施，扣 0.5 分； （3）作业区域使用的过路管线未使用过路盖板进行保护，或使用临时支撑架，扣 0.5 分

续表

序号	项目	考评内容	分值	评分标准
六	野外现场	照明的规范设置	2	（1）照明线路敷设未穿管或架空保护，扣1分； （2）使用导电体绑扎电线，扣1分； （3）室外220 V固定式照明灯具距地面低于3 m，扣0.5分； （4）移动式照明放置的位置影响作业和通行，扣1分； （5）移动式灯具使用敞开式卤钨灯具，扣2分； （6）夜间施工最低照度小于50 lx，扣0.5分
		应急疏散图内容结构要求及规范布置	1	（1）应急疏散图未张贴或悬挂在通道醒目位置，并且未满足照明需求，扣0.5分； （2）疏散图未包括逃生路线和消防器材布置位置，扣0.5分； （3）疏散图未根据项目进展实时更新，扣0.5分
		应急集合点规范挂设	1	项目应急集合点未挂设应急集合点标识牌，扣0.5分/处
		应急照明的规范设置	2	（1）项目部有条件设置而未设置固定式应急照明设施，扣1分； （2）照明电源线路接触潮湿部位和热源，扣1分； （3）直接绑在金属构件上，扣1分
		临边防护的规范设置	2	（1）临边防护未设置防护围栏，扣1分/处； （2）设备设施、材料摆放、作业现场等临时隔离未使用防护围栏，扣0.5分/处
七	地勘作业	地勘作业基本要求	10	（1）未落实作业行为"七禁止""八规定"要求，扣1分/条； （2）野外车辆配置不符合规范要求，扣1分/条； （3）违规野外行车，扣1分/条
		便携式全液压钻机规范布置	5	（1）便携式全液压钻机平台平面小于5 m×5 m； （2）钻机工作台安装防护栏杆高度小于1.2 m； （3）木质踏板厚度小于50 mm，机场挖方边坡坡度大于1∶1； （4）坡顶未设置截水沟； （5）坡脚未设置排水沟； （6）水沟坡度小于1%且未坡向汇水区； （7）其他未严格执行《地质勘探安全规程》（AQ 2004—2005）和《地质岩心钻探规程》（DZ/T 0227—2010）等标准，扣1分/项
		塔架式立轴钻机规范布置	10	（1）塔架式立轴钻机平台平面尺寸小于6 m×6 m； （2）钻塔高度18 m以下未对称设置4根绷绳； （3）18 m以上钻塔未分两层，每层未设置4根绷绳； （4）绷绳未采用直径12.5 mm以上的钢丝绳； （5）每处钢丝固定绳卡少于3个； （6）钻塔未安设高出塔顶1.5 m的避雷针或设置有效的防雷等电位装置； （7）机场内取暖火炉距油料小于10 m，距塔布小于1.5 m； （8）其他方面未严格执行《地质勘探安全规程》（AQ 2004—2005）和《地质岩心钻探规程》（DZ/T 0227—2010）等标准，扣2分/项

附 录　野外地质项目安全生产标准化考评

续表

序号	项目	考评内容	分值	评分标准
七	地勘作业	钻探作业相关要求	3	（1）钻探作业不满足作业环境要求，扣1分； （2）机场地基不满足基本要求，扣1分； （3）设备设施不满足基本要求，扣1分； （4）违反操作人员要求，扣1分
		槽探作业相关要求	3	（1）人工掘进探槽时，采用挖空槽壁自然塌落方法，扣1分； （2）探槽的深度超过3 m，扣1分； （3）槽壁未保持平整，松石未及时清除，槽口两侧1 m内堆放土石和工具，扣1分； （4）在松软易坍塌地层掘进探槽时，两壁未及时支护，扣1分； （5）槽内2人以上同时施工，未保持3 m以上的安全距离，扣1分； （6）雨季在斜坡上挖槽，高处未挖截水沟，扣1分； （7）探槽未及时回填，扣1分； （8）在槽内休息或睡觉，扣1分
		物探作业相关要求	2	（1）电法勘探供电人员未使用绝缘防护用品，扣1分； （2）发电机配电不符合要求，扣1分； （3）操作人员违规进行漏电检查和供电测试，扣1分； （4）供电电极或"无穷远"电极附近未设有明显的警示标志或无专人看守，电极在水中工作时，未离开电极所在水域，扣1分； （5）选择用输送易燃易爆气体的管道作为直接法或充电法作业的充电点，扣1分； （6）雷雨天气，进行电法野外勘探作业，扣1分
八	地勘场景可视化	地勘场景可视化规范布置及使用	5	（1）地质钻探现场未配置太阳能（蓄电池）摄像头，扣3分； （2）野外地质队员区调（物探）作业过程中未佩戴便携式移动记录仪，扣2分

注：考核表总分100，所扣分值超过该项分值时，该项按0分计算。一般地质项目要求总得分不低于60分，重点地质项目要求总得分不低于80分，项目类别划分详见《大队地质项目管理办法》。